화훼원예

초본 관화식물

이학박사 윤 평 섭

교학사

책을 펴내며

이 책을 쓰게 된 동기는, 요즈음 화훼에 관한 간편한 책을 요구하는 사람들이 매우 많아졌기 때문이다. 특히 일반인 및 전문가에게 필요한 정보를 효과적으로 전달하기 위해, 또 올바른 식물명과 관리 및 이용 방법 등을 좀더 체계적으로 공부하며 재배하는 사람들을 위해, 또 새로운 종과 품종들을 소개하기 위해 이 책을 집필하게 되었다.

이 책에서는 초본류 관화 식물의 특성과 재배 및 관리 방법 등을 간략하게 서술하였다. 또, 아직까지 으리 나라에 소개되지 않은 외국 신품종들을 다루었으며, 우리 주변의 화단에 재배되는 초화류 대부분과 꽃꽂이나 화훼 장식에 사용되는 초화류 대부분을 수록하였다.

이 책은 소책자이지만 일반인 및 주부, 원예학이나 조경학을 공부하는 학생, 그리고 실내 조경가나 취미 원예가, 화훼 장식가, 또는 화원을 경영하는 원예 직업인들에게 좋은 안내서가 되리라고 생각한다.

끝으로, 이 책을 집필하는 동안 알뜰하게 보살펴 준 아내에게 고마운 마음을 전하고 싶다. 또, 이 책을 출판해 주신 교학사 양철우 사장님과 유홍희 부장님, 그리고 편집과 교정에 수고를 해 주신 편집부 여러분들에게 감사를 드린다.

2008. 7. 10.

윤평섭

차 례

ㅎ

일러두기

- 이 책은 주로 1,2년초화류를 비롯하여 다년초화류 중에서 관상 가치가 있는 362종을 엄선해서 수록하였다.
- 식물의 배열 순서는 우리말 이름을 가나다순으로 하였다.
- 우리말 이름과 영명, 학명, 과명을 밝히고, 형태상의 특징, 원산지, 생활형, 개화기, 용도, 재배 및 관리, 번식 방법을 알아보기 쉽게 기술하였다.
- 우리말 이름은 이미 학자들이 사용하고 있는 보통명을 수록하였다. 그리고 더러는 원예인들 간에 통용되는 것을 수록한 것도 있으며, 아직까지 우리 나라에 소개되지 않은 식물명은 학명의 속명, 종명, 변종명, 품종명을 붙여 명명하였다.
- 부록에는 식물을 이해하는 데 도움이 되도록 '식물 용어 도해'와 '학명 찾아보기'를 실었다.

13

▲ 가우라

가우라

학명 : *Gaura lindheimeri* Engelm. et A. Gray
영명 : Gaura

높이 60~150cm, 포기 너비 60~90cm. 줄기는 총생, 가늘고 길게 자란다. 잎은 스푼형 내지는 타원형으로, 잎 가장자리에는 톱니가 있으며, 길이는 2.5~8cm이다. 꽃은 원추화서로 줄기 끝에서 나비 모양의 독특한 형태로 피며, 꽃 색깔은 흰색 내지는 연분홍색이고, 지름은 1~2.5cm이다. 꽃잎은 4개, 위의 2개는 작고, 아래의 2개는 약간 길고 크다. 생장력은 강하며, 많은 원예 품종이 있다.

| 1 | 2 | 3 | 4 | 5 | 6 | 7 | 8 | 9 | 10 | 11 | 12 |

바늘꽃과

- 원산지 / 미국의 텍사스, 루이지애나
- 생활형 / 숙근성 다년초
- 개화기 / 6~10월
- 용도 / 화단용, 컨테이너용, 조경용, 분화용
- 햇빛 / 충분한 햇빛
- 온도 / −7℃ 월동, 16~30℃ 생육
- 관수 / 보통 관수
- 배양토 / 배수 요함, 노지 재배. 밭흙, 부엽, 모래는 5:3:2
- 번식 / 실생, 분주

▲ 가자니아 골든 플레임 키스('Golden Flame Kiss')　▲ 가자니아

국화과

- 원산지 / 남아프리카의 케이프타운, 나탈
- 생활형 / 1년초(한국), 상록 다년초(LA 화단용)
- 개화기 / 7～9월
- 용도 / 화단용, 분화용
- 햇빛 / 충분한 햇빛
- 온도 / 종자 월동, 10～21℃ 생육
- 관수 / 보통 관수, 건조 기후 요함
- 배양토 / 배수 요함, 노지 재배. 밭흙, 부엽, 모래는 4:4:2
- 번식 / 실생, 분주

가자니아

학명 : *Gazania hybrida* Hort. cv.
영명 : Treasure Flower

높이 15～30cm. 줄기는 누워 자라며, 기부가 목질화한다. 옅은 선상 피침형이나 새의 깃 모양으로 반쯤 갈라지기도 하며, 잎 뒷면은 백록색이다. 꽃은 두상화서로 잎보다 길게 자란 꽃대에 한 송이가 피고, 꽃 색깔은 다양하며, 지름은 6～7cm이다. 원예 품종은 변호가 많으며, 설상화는 흰색 또는 노란색 바탕에 붉은 자갈색이나 붉은색 무늬가 세로로 들어 있어 태양빛과 같은 느낌을 주며 화려하다. 화심은 붉은 오렌지 색이다.

1	2	3	4	5	6	7	8	9	10	11	12

▲ 가자니아 리겐스 빅 화이트('Big White')

▲ 빅 골드('Big Gold')

가자니아 리겐스

학명 : *Gazania rigens* (L.) Gaertn.
영명 : Bush Gazania

높이 40cm 정도. 뿌리 줄기는 짧고, 옆으로 뻗는다. 근생엽은 선상 피침형으로, 앞면은 녹색, 뒷면에는 은백색 털이 밀생한다. 꽃은 두상화서로 잎 중앙에서 자란 꽃대에 피며, 지름은 7~8cm이다. 꽃잎은 광채가 나며, 동적색, 또는 흰색, 노란색, 붉은색 바탕에 세로 또는 방사형으로 붉은 갈색이나 붉은색 등의 무늬가 있는 것도 있다.

1	2	3	4	5	6	7	8	9	10	11	12

국화과

- 원산지 / 남아프리카의 케이프타운
- 생활형 / 상록 다년초
- 개화기 / 6~7월, 연중 개화(고온 때)
- 용도 / 화단용, 분화용, 컨테이너용, 록 가든용
- 햇빛 / 충분한 햇빛
- 온도 / 5℃ 월동, 16~30℃ 생육
- 관수 / 보통 관수
- 배양토 / 배수 요함, 노지 재배. 밭흙, 부엽, 모래는 2:4:4
- 번식 / 분주

▲ 감국

감국

학명 : *Chryscnthemum indicum* L.
영명 : Indian Chrysanthemum

높이 30~60cm. 줄기는 분지하며, 전체에 털이 있다. 잎은 호생, 둥근 난형으로 얇고 부드러우며, 잎 가장자리는 다섯 갈래로 갈라지고, 결각상의 톱니가 있다. 꽃은 산방상 두상화서로 가지 끝에서 피고, 노란색이며, 지름은 2~2.5cm이다. 화심은 관상화로 황금색이 난다. 열매는 수과로 달리며, 10~11월에 열매를 맺는다. 산국에 비해 꽃이 크고, 자생지 환경에 따라 생육 형태가 조금씩 다르다.

1	2	3	4	5	6	7	8	9	10	11	12

▲ 개맨드라미   ▲ 흰 꽃

개맨드라미

학명 : *Celosia argentea* L.

　높이 40~90cm. 줄기는 곧게 자라며, 잘 분지한다. 잎은 잎자루가 있거나 없고, 피침형 또는 좁은 난형으로 끝이 뾰족하며, 길이 5~8cm, 너비 1~2.5cm이다. 꽃은 수상화서로 가지 끝마다 긴 꼬리 모양으로 피고, 화서 길기는 2.5~10cm이다. 꽃 색깔은 분홍색, 붉은색, 노란색, 은백색, 흰색이다. 많은 원예 품종이 있다.

| 1 | 2 | 3 | 4 | 5 | 6 | 7 | 8 | 9 | 10 | 11 | 12 |

비름과

● 원산지 / 인도
● 생활형 / 춘파 1년초
● 개화기 / 7~10월
● 용도 / 화단용, 정원용, 군락 조성 조경용
● 햇빛 / 충분한 햇빛
● 온도 / 16~30℃ 생육
● 관수 / 보통 관수, 내건성, 습기에 약함
● 배양토 / 노지 재배, 약산성. 밭흙, 부엽, 모래는 4:4:2
● 번식 / 실생

▲ 개상사화

- 원산지 / 한국, 일본, 중국
- 생활형 / 구근 숙근초
- 개화기 / 8~9월
- 용도 / 관화용, 화단용, 분화용
- 햇빛 / 보통 햇빛
- 온도 / 5℃ 이상에서 구근 월동, 10~25℃ 생육
- 관수 / 보통 관수
- 배양토 / 노지 화단
- 번식 / 분구

개상사화-(노랑상사화)

학명 : *Lycoris aurea* Herbert
영명 : Golden Spider Lily, Golden Hurricane Lily

흑갈색의 유피 비늘줄기 구근에서 수염뿌리가 내리며, 줄기는 없다. 잎은 봄에 비늘줄기에서 여러 개가 자라며, 회청색, 길이 30~60cm, 너비 12~18cm이다. 꽃대가 자라 산형화서로 연노란색 또는 진황색 꽃 5~10송이가 핀다. 꽃잎과 수술은 6개, 씨방은 하위 3실이다.

| 1 | 2 | 3 | 4 | 5 | 6 | 7 | 8 | 9 | 10 | 11 | 12 |

▲ 개일라르디아

개일라르디아

학명 : *Gaillardia* × *grandiflora* Van Houtte
영명 : Blanket Flower

높이 60~90cm. *G. aristata*와 *G. pulchella*의 종간 교잡종이다. 잎은 도피침형으로, 밋밋하거나 약간 얕게 갈라지거나 새의 깃 모양으로 여러 갈래로 갈라지며, 회록색, 길이는 13~30cm이다. 꽃은 두상화서로 설상화는 노란색, 화심은 황갈색이며, 지름은 7~14cm이다. 원예 품종으로는 개일라르디아 옐로 블랭킷 플라워(*G.*×*grandiflora* 'Yellow Blanket Flower'), 개일라르디아 퀘드 블랭킷 플라워(*G.*× *grandiflora* 'Red Blanket Flower') 등이 있다.

1	2	3	4	5	6	7	8	9	10	11	12

국화과

- 원산지 / 북아메리카의 서부, 뉴멕시코 원산종의 원예 품종
- 생활형 / 단명 숙근초
- 개화기 / 6~9월
- 용도 / 관화용, 화단용, 분화용
- 햇빛 / 보통 햇빛
- 온도 / 노지 월동, 16~30℃ 생육
- 관수 / 보통 관수
- 배양토 / 노지 화단
- 번식 / 실생, 분주

▲ 옐로 블랭킷 플라워('Yellow Blanket Flower')　▲ 레드 블랭킷 플라워('Red Blanket Flower')

▲ 플룸 옐로('Plum Yellow')

▲ 오렌지 앤드 레몬('Orange & Lemon')

▲ 거베라

거베라

학명 : *Gerbera hybrida* Hort. cv.
영명 : Barberton Daisy. Transvaal Daisy

높이 24~30cm. 잎은 근생하고, 가장자리가 무잎처럼 여러 갈래로 갈라지며, 길이는 15~28cm이다. 꽃은 잎 가운데에서 10~15개가 24~30cm로 자란 꽃대 끝에 1개씩 피며, 꽃 색깔은 흰색, 노란색, 붉은색, 분홍색, 오렌지석, 유백색 등이다. *Gerbera hybrida*는 원예 품종의 통칭으로, *Gerbera jamesonii*를 원종으로 교배 육성한 품종들이다.

국화과

- 원산지 / 남아프리카
- 생활형 / 상록 숙근성 다년초
- 개화기 / 연중 개화(10~25℃ 때)
- 용도 / 화단용, 절화용
- 햇빛 / 충분한 햇빛
- 온도 / 3℃ 월동, 10~25℃ 생육
- 관수 / 보통 관수, 환기 요함
- 배양토 / 밭흙, 부엽, 모래는 4:4:2
- 번식 / 실생, 분주, 조직배양

1	2	3	4	5	6	7	8	9	10	11	12

▲ 디아블로('Diablo')

▲ 돌체 비타('Dolce Vita')

▲ 에스텔('Estel')

▲ 리라('Lira')

▲ 알버타('Alberta')

▲ 노블 허깅('Noble Herging')

▲ 피카소('Picaso')

▲ 에인젤('Angel')

▲ 선 웨이('Sun Way')

▲ 히말라야('Himalaya')

▲ 옐르 비너스('Yellow Venus')

▲ 고데치아

고데치아

학명 : *Godetia amoena* (Lehm.) G. Don
영명 : Farewell-to-spring, Satin Flower

  높이 40~60cm. 줄기는 분지성이다. 잎은 선상
피침형으로, 처음에는 털이 있으나 나중에는 없어진
다. 꽃 색깔은 연분홍색, 진홍색이고, 기부는 보통
흰색이나, 연분홍색 바탕에 기부에 붉은색 무늬가
있는 것도 있다. 꽃잎은 4개이고, 넓은 삼각형이며,
가장자리는 톱니 모양이다. 씨방은 하위이다.

1	2	3	4	5	6	7	8	9	10	11	12

바늘꽃과

- 원산지 / 캘리포니아
- 생활형 / 1년초
- 개화기 / 5~6월
- 용도 / 화단용, 절화용
- 햇빛 / 충분한 햇빛
- 온도 / 5℃ 월동, 16~30℃ 생육
- 관수 / 보통 관수, 환기 요함
- 배양토 / 밭흙, 부엽, 모래 는 4:4:2
- 번식 / 실생(10~15℃ 발아)

▲ 고사리잎톱풀

- 원산지 / 유럽, 아시아 서부 카프카스
- 생활형 / 숙근성 다년초
- 개화기 / 6~8월
- 용도 / 화단용, 절화용
- 햇빛 / 충분한 햇빛
- 온도 / 노지 월동, 16~25℃ 생육
- 관수 / 보통 관수
- 배양토 / 노지 화단
- 번식 / 실생, 아삽, 분주

고사리잎톱풀

학명 : *Achillea filipenduliana* Lam.
영명 : Fern Leaf Yarrow

높이 C.6~1m, 포기 너비 45cm 정도. 줄기는 곧게 서며, 분지한다. 잎은 초기에는 로제트상으로 자라나 뒤에 줄기가 자란다. 경엽은 대생, 선형으로 피침형이고, 1~2회 우상 복엽으로 톱날처럼 갈라지며, 회록색이다. 꽃은 산방화서, 줄기나 가지 끝에서 두상화로 피며, 화서 지름은 12cm이고 노란색이다. 많은 원예 품종이 있다.

| 1 | 2 | 3 | 4 | 5 | 6 | 7 | 8 | 9 | 10 | 11 | 12 |

▲ 골든볼

골든볼

학명 : *Craspedia globosa* Benth.
　　　(*Pycnosorus globosus* Benth.)
영명 : Drum Sticks, Bachelor's Buttons

국화과

● 원산지 / 오스트레일리아
● 생활형 / 숙근초, 1년초
● 개화기 / 6~8월
● 용도 / 화단용, 절화용, 건조화용, 분식용
● 햇빛 / 충분한 햇빛
● 온도 / 5℃ 월동, 16~30℃ 생육
● 관수 / 충분한 관수, 내습성
● 배양토 / 노지 재배, 배수 요함. 밭흙, 부엽, 모래는 3:5:2
● 번식 / 실생(13~18℃ 발아), 분주(숙근초)

　높이 45~60cm, 포기 너비 30~40cm. 잎은 로제트상으로 자라고, 좁은 가죽질로 밝은 녹색이며, 부드러운 흰 털이 난다. 꽃은 두상화로 긴 꽃대 끝에 반구형 또는 공 모양으로 둥글게 피며, 두상화의 지름은 2~3cm이다. 재배할 경으 높이 60~90cm까지 자라며, 환기를 해 주어야 한다. 원산지인 빅토리아 주 서부와 뉴사우스웨일스 주에서는 숙근초이지만, 한국에서는 1년초로 취급한다.

1	2	3	4	5	6	7	8	9	10	11	12

▲ 곰포카르푸스 피소카르푸스

박주가리과

- 원산지 / 남아프리카의 트랜스발 동부~케이프 동부
- 생활형 / 1년초(온대), 낙엽 반관목상 다년초(난대)
- 개화기 / 7~8월
- 용도 / 관실용, 화훼 장식용
- 햇빛 / 충분한 햇빛
- 온도 / 2℃ 월동, 16~30℃ 생육
- 관수 / 충분한 관수(생육기)
- 배양토 / 비옥한 사양토
- 번식 / 실생, 녹지삽

곰포카르푸스 피소카르푸스(큰풍선초)

학명 : *Gomphocarpus physocarpus* E. H. Mey.
〔*Asclepias physocarpa* (E. H. Mey.) Schlechter〕
영명 : Swan Plant, Balloon Cotton Bush

높이 2m 정도, 포기 너비 30~60cm. 줄기와 잎에는 털이 밀생한다. 잎은 대생 또는 호생, 좁은 피침형으로 회록색이고, 길이는 10cm 정도이다. 꽃은 집산화서로 화서 지름은 5cm이고, 크림 백색 또는 녹색을 띤 흰색 꽃이 핀다. 열매는 풍선 모양으로 둥글고, 연녹색이며, 겉면에 부드러운 가시가 있다. 열매의 지름은 6cm이고, 8~9월에 익는다.

| 1 | 2 | 3 | 4 | 5 | 6 | 7 | 8 | 9 | 10 | 11 | 12 |

▲ 황금무늬공꽃 (*Lysimachia congestiflora* 'Variegata')

공꽃

학명 : *Lysimachia congestiflora* Hemsl.
영명 : Golden Globes

높이 50cm 정도. 줄기는 포복하거나 비스듬히 자라며, 홍갈색, 털이 있고 부정근이 있다. 잎은 대생, 난형이고, 끝은 뾰족하며, 길이 1.5~3.5cm, 너비 0.7~2cm로 털이 있다. 꽃은 4~10개가 가지 끝에 피며, 황금색이다. 꽃잎은 5개로 갈라지고, 꽃통 내부는 붉은색이다. 열매는 삭과토 구형이다. 품종에는 노란색 또는 황금색의 무늬가 있는 황금무늬공꽃 (*L. congestiflora* 'Variegata')이 있다.

1	2	3	4	5	6	7	8	9	10	11	12

앵초과

● 원산지 / 중국, 타이, 베트남
● 생활형 / 반덩굴성 또는 덩굴성 다년초
● 개화기 / 7~10월
● 용도 / 관화용, 화단용, 지피용, 약용
● 햇빛 / 보통 햇빛, 반광
● 온도 / 5℃ 월동, 16~30℃ 생육
● 관수 / 충분한 관수
● 배양토 / 밭흙, 부엽, 모래는 5:3:2
● 번식 / 실생, 삽목, 분주

▲ 과꽃

국화과

- 원산지 / 한국 북부, 중국 동북 지방
- 생활형 / 춘파 1년초
- 개화기 / 7~9월
- 용도 / 화단용, 관화용
- 햇빛 / 충분한 햇빛
- 온도 / 23~30℃ 생육
- 관수 / 보통 관수
- 배양토 / 밭흙, 부엽, 모래 는 5:3:2
- 번식 / 실생

과꽃

학명 : *Callistephus chinensis* (L.) Nees
영명 : China Aster

높이 20~100cm. 잎은 호생, 난상 삼각형으로, 잎 가장자리에는 톱니가 있다. 꽃 길이 7~12cm인 꽃대에 두상화가 피며, 홑꽃종이지만 겹꽃도 있다. 꽃잎은 통꽃으로 설상화이다. 꽃 색깔은 보라색 외에 붉은 분홍색, 흰색 등이 있으며, 모양도 다양하다. 많은 원예 품종이 있다.

1	2	3	4	5	6	7	8	9	10	11	12

▲ 과물시계초

과물시계초

학명 : *Passiflora edulis* Sims
영명 : Passion Fruit, Purple Granadilla

줄기 길이 5m 정도. 생육이 왕성하고, 오래 된 줄기는 목질화한다. 잎은 3갈래로 갈라지며, 녹색으로 광택이 나고, 잎 가장자리에는 톱니가 있다. 잎의 길이와 너비는 각각 10~20cm이고, 잎자루의 길이는 5~7cm이다. 꽃은 방사형으로 흰색 또는 연보라색이며, 지름은 7cm 정도 된다. 부화관은 사상체로 실 모양이고, 사방으로 펼쳐지며, 기부는 보라색, 끝 부분은 흰색으로 곱슬곱슬하다. 열매는 둥근 난형으로, 길이는 5~7cm로 연녹색이나, 나중에 익으면 노란색 또는 적자색이 된다. 맛은 시고, 독특한 향이 있다.

1	2	3	4	5	6	7	8	9	10	11	12

시계초과

- 원산지 / 브라질
- 생활형 / 덩굴성 다년초
- 개화기 / 7~10월
- 용도 / 트렐리스용, 분화용, 주스 원료용(열매)
- 햇빛 / 충분한 햇빛
- 온도 / 5~10℃ 월동, 16~30℃ 생육
- 관수 / 보통 관수
- 배양토 / 노지 재배, 배수 요함. 밭흙, 부엽, 모래는 4:4:2
- 번식 / 실생, 삽목

▲ 구근 베고니아

- 원산지 / 페루와 볼리비아의 안데스산 원산종의 원예 교배종
- 생활형 / 상록 다년초
- 개화기 / 2~4월, 6~8월
- 용도 / 관화용, 공중걸이용, 분화용
- 햇빛 / 반광, 미풍 환기 요함
- 온도 / 10℃ 월동, 고온에 약함. 15~23℃ 생육
- 관수 / 충분한 관수, 약간 다습
- 배양토 / 밭흙, 부엽, 모래 는 4:4:2
- 번식 / 실생, 엽삽, 분구

구근 베고니아

학명 : *Begonia × tuberhybrida* Voss
영명 : Hybrid Tuberous Begonia

높이 30~50cm. 줄기는 다육질로, 곧게 서거나 늘어지며 자란다. 잎은 호생, 넓은 난형으로 끝이 뾰족하며, 잎 가장자리는 지거나 톱니가 있다. 꽃은 대륜종의 왜성종, 대륜종의 늘어지는 품종, 향기가 나는 대륜종이 있다. 현재 재배되고 있는 품종들은 복잡한 교배에 의해 육성된 품종들이다. 꽃의 형태는 꽃잎이 장미형, 카네이션형, 피코티형 등과 소륜종, 중륜종, 대륜종이 있으며, 색깔 또한 푸른색계를 제외한 다양한 색이 있다. 페루와 볼리비아의 안데스산 야생종을 교배하여 길러 낸 베고니아의 총칭이다.

1	2	3	4	5	6	7	8	9	10	11	12

▲ 구즈마니아 루나(*Guzmania* 'Luna')

구즈마니아 루나

학명 : *Guzmania* 'Luna'

높이 60~70cm. 잎은 녹색으로 광택이 나며, 길이 50~60cm, 너비 3~4cm이다. 포기 중앙에서 꽃대가 곧게 자라 많은 프엽이 붙어 있으며, 색깔은 아래쪽은 자홍색, 끝은 녹색이다. 꽃은 흰색으로 포엽 속에서 핀다. 주로 포엽을 관상한다.

파인애플과

- 원산지 / 원예 교배종
- 생활형 / 상록 다년초
- 개화기 / 연중 개화
- 용도 / 관화용, 분화용, 착생용, 실내 조경용
- 햇빛 / 반광
- 온도 / 10℃ 월동, 15~23℃ 생육
- 관수 / 충분한 관수, 약간 다습
- 배양토 / 수태로만 식재. 피트모스, 펄라이트는 7:3
- 번식 / 실생, 분주, 조직 배양

1	2	3	4	5	6	7	8	9	10	11	12

▲ 구즈마니아 삼바(*Guzmania* 'Samba')

파인애플과

- 원산지 / 원예 교배종
- 생활형 / 상록 다년초
- 개화기 / 연중 개화
- 용도 / 관화용, 분화용, 착생용, 실내 조경용
- 햇빛 / 반광
- 온도 / 10℃ 월동, 15~23℃ 생육
- 관수 / 충분한 관수, 약간 다습
- 배양토 / 수태로만 식재. 피트모스, 펄라이트는 7:3
- 번식 / 실생, 분주, 조직 배양

구즈마니아 삼바

학명 : *Guzmania* 'Samba'

높이 60~70cm. 잎은 녹색으로 광택이 나며, 길이 50~60cm, 너비 3~4cm이다. 포기 중앙에서 꽃대가 곧게 자라 많은 포엽이 수상화서로 붙어 있으며, 색깔은 아래쪽은 붉은 오렌지색에 끝은 녹색이며, 위쪽은 노란색에 끝은 주황색이다. 꽃은 작고 흰색으로 포엽 안쪽에서 핀다. 주로 포엽을 관상한다.

1	2	3	4	5	6	7	8	9	10	11	12

▲ 구즈마니아 팍스(*Guzmania* 'Pax')

구즈마니아 팍스

학명 : *Guzmania* 'Pax'

　높이 70~90cm. 잎은 로제트상으로 20여 개가 자라며, 납작한 선형, 연녹색이고, 길이 50~60cm, 너비 1.5~2.5cm이며, 아치형으로 자란다. 포기 중앙에서 50~90cm 높이로 굵은 꽃대가 자라며, 꽃대 끝에서 10~20여 개의 선황색 포엽이 자란다. 꽃은 노란색으로 포엽 안쪽에서 핀다.

| 1 | 2 | 3 | 4 | 5 | 6 | 7 | 8 | 9 | 10 | 11 | 12 |

파인애플과

- 원산지 / 원예 교배종
- 생활형 / 상록 다년초
- 개화기 / 연중 개화
- 용도 / 분화용, 착생용, 화훼 장식용, 실내 조경용
- 햇빛 / 반그늘 또는 반광
- 온도 / 8℃ 월동, 16~25℃ 생육 개화
- 관수 / 보통 관수, 고온 다습
- 배양토 / 수태로만 식재. 피트모스, 펄라이트는 7:3
- 번식 / 실생, 흡지 분주

국화과

- 원산지 / 중국, 일본 원산 종의 원예 교배종
- 생활형 / 숙근성 다년초
- 개화기 / 9~11월, 연중 개화(단일 처리)
- 용도 / 분화용, 절화용, 화단용, 조경용, 화훼 장식용
- 햇빛 / 반광, 충분한 햇빛
- 온도 / 5℃ 월동, 노지 월동, 10~23℃ 생육
- 관수 / 보통 관수, 배수 요함, 고온 다습은 피함, 환기 요함
- 배양토 / 밭흙, 부엽, 모래는 4 : 4 : 2
- 번식 / 실생, 삽목, 분주

국화

학명 : *Dendranthema grandiflorum* (Ramat.) Kitam. cvs.
(*Chrysanthemum morifolium* Ramat.)
영명 : Mum, Chrysanthemum

높이 60~100cm. 줄기는 분지한다. 잎은 호생, 잎자루가 있고, 난형, 기부는 심장형이고 두꺼우며, 녹색 또는 암녹색이다. 잎 가장자리는 새의 깃 모양으로 톱니가 있고, 향기가 난다. 꽃은 두상화로 잎겨드랑이에서 피며, 노란색과 흰색, 붉은색, 분홍색이고 통꽃이며, 지름은 1~8cm이다. 두상화는 단생하거나 산방화서로 핀다. 꽃의 크기에 따라 대국, 중국, 소국으로 분류한다. 과거에는 *Chrysanthemum*속에 포함시켰으나 오늘날에는 *Dendranthema*속으로 분류한다. 전 세계에 20여 종이 자생하며, 많은 원예 품종이 있다.

1	2	3	4	5	6	7	8	9	10	11	12

▲ 자우전(‘Chawoochun’) (대국종) ▲ 백공작(‘Baeckkongjack’)

▲ 더블 옐로(‘Double Yellow’) ▲ 리란스(‘Relance’) ▲ 금수(‘Kumsoo’)

▲ 노을(‘Noul’) ▲ 도솔(‘Dosol’) ▲ 소녀(‘Sonyo’)

▲ 이노센스(‘Innocence’) ▲ 퀸트 레드(‘Quint Red’) ▲ 핑크 프라이드(‘Pink Pride’)

▲ 군자란

수선화과

- ●원산지 / 남아프리카의 나탈
- ●생활형 / 상록 다년초
- ●개화기 / 12월~이듬해 5월
- ●용도 / 분화용
- ●햇빛 / 반그늘 또는 반광
- ●온도 / 5℃ 월동, 15~25℃ 생육 개화
- ●관수 / 보통 관수, 고온 다습은 부패, 환기 요함
- ●배양토 / 밭흙, 부엽, 모래 는 2:4:4
- ●번식 / 실생, 분주

군자란

학명 : *Clivia miniata* Regel
영명 : Scarlet Kaffir Lily

　높이 45cm 정도. 줄기는 없다. 잎은 뿌리에서 20여 개가 자라 중앙부에서 마주나고, 납작하고 넓은 선형이며, 연녹색이다. 잎의 길이는 40~60cm, 너비는 3.5~6cm이며, 아치형으로 자란다. 꽃은 잎 사이 중앙에서 30~40cm 높이로 자라는 굵은 꽃대 끝에서 10~20여 개가 된다. 꽃잎은 주황색 또는 붉은 오렌지색이다. 열매는 처음에는 녹색이나 1년 정도 지나면 붉게 익는다.

1	2	3	4	5	6	7	8	9	10	11	12

▲ 글라디올러스

글라디올러스

학명 : *Gladiolus hybridus* Hort.
영명 : Gladiolus

　높이 60~170cm. 잎은 근생, 줄기에 납작한 검형(劍形)의 잎 수 개가 마주 붙고, 암녹색, 길이 40~60cm, 너비 3.5~6cm이며, 아치형으로 자란다. 꽃은 수상화서로 줄기 끝에 10~17개가 핀다. 꽃잎은 6개이며, 흰색, 분홍색, 붉은색, 노란색, 연푸른색 및 몇 가지 색이 복색으로 핀다.

| 1 | 2 | 3 | 4 | 5 | 6 | 7 | 8 | 9 | 10 | 11 | 12 |

붓꽃과

- 원산지 / 원예 품종
- 생활형 / 춘식 구근성 다년초
- 개화기 / 7~8월
- 용도 / 화단용, 주로 절화용
- 햇빛 / 충분한 햇빛
- 온도 / 5℃ 구근 월동, 16~25℃ 생육 개화
- 관수 / 보통 관수, 약간 다습, 환기 요함
- 배양토 / 노지 화단 재배
- 번식 / 분구, 조직 배양

▲ 글로리오사 로스차일드

백합과

- 원산지 / 열대 아프리카
- 생활형 / 숙근 덩굴성 구근 다년초
- 개화기 / 7~9월
- 용도 / 관상용, 절화용, 화훼 장식용
- 햇빛 / 충분한 햇빛
- 온도 / 10℃ 구근 월동, 16~25℃ 생육
- 관수 / 충분한 관수
- 배양토 / 밭흙, 부엽, 모래는 5:3:2(화분 재배시)
- 번식 / 실생, 분구

글로리오사 로스차일드

학명 : *Gloriosa rothschildiana* O'Brien
영명 : Rothschild-glory-lily

높이 1.5~2m. 덩이줄기가 있고, 줄기는 가늘며, 후에 분지한다. 잎은 대생하거나 윤생 또는 호생하고, 난상 피침형으로 밝은 녹색이며, 광택이 난다. 잎의 길이는 5~8cm로, 끝이 좁아져서 가늘게 덩굴손 같이 된다. 꽃은 붉은색, 기부와 가장자리는 노란색이고, 지름은 7~10cm이며, 꽃잎은 6개이다. 열매는 삭과로 긴 타원형이며, 몇 종의 원예 품종이 있다.

| 1 | 2 | 3 | 4 | 5 | 6 | 7 | 8 | 9 | 10 | 11 | 12 |

▲ 글로바

글로바

학명 : *Globba winitii* C. H. Wright

높이 90cm 정도. 뿌리줄기는 다육질로 짧다. 줄기 아랫부분의 잎은 줄기를 감싸고 있으며, 엽초는 길이가 40cm 정도 된다. 잎은 긴 타원형으로, 길이 24cm, 뒷면에는 털이 있으며, 잎자루는 길이가 12cm로 가늘다. 꽃은 노란색, 통꽃 부분의 길이가 1.5cm 정도 되며, 화서는 늘어지고, 길이는 17cm 정도 된다. 윗부분의 포는 길이가 3~4cm이다.

- 원산지 / 타이
- 생활형 / 상록 다년초
- 개화기 / 7~8월
- 용도 / 화분용, 화단용, 절화용
- 햇빛 / 충분한 햇빛, 반광(여름), 햇빛(겨울)
- 온도 / 15℃ 월동, 건조 요함, 16~30℃ 생육
- 관수 / 충분한 관수, 고온 다습해야 함
- 배양토 / 배수 요함, 노지 재배. 밭흙, 부엽, 모래는 2:4:4
- 번식 / 분주

1	2	3	4	5	6	7	8	9	10	11	12

▲ 글록시니아

제스네리아과

- 원산지 / 브라질
- 생활형 / 숙근성 구근 식물
- 개화기 / 3~9월
- 용도 / 분화용
- 햇빛 / 반광
- 온도 / 16~30℃ 생육
- 관수 / 충분한 관수
- 배양토 / 밭흙, 부엽, 모래 는 4:4:2
- 번식 / 실생, 엽삽, 아삽, 분구

글록시니아

학명 : *Sinningia speciosa* (Lodd.) Hiern
(*Gloxinia speciosa* Lodd.)
영명 : Gloxinia

　높이 10cm 정도. 덩이줄기가 있다. 잎에는 잎자루가 있고, 단축경에서 많은 잎이 총생하며, 긴 타원형 또는 둥근 타원형, 다즙질이며, 길이는 15cm이다. 잎 가장자리에는 둔한 톱니가 있다. 꽃은 잎겨드랑이에서 긴 꽃대가 자라 종 모양으로 하늘을 향해 붉은색, 흰색 또는 복색으로 피며, 지름은 5~8cm, 끝은 다섯~여덟 갈래로 갈라진다. 원예 품종에는 겹꽃종과 꽃잎이 주름진 파상화가 있다.

| 1 | 2 | 3 | 4 | 5 | 6 | 7 | 8 | 9 | 10 | 11 | 12 |

▲ 금낭화　　　　　　　　　　　　　　　▲ 흰 꽃

금낭화

학명 : *Dicentra spectabilis* (DC.) Lem.
영명 : Bleeding Heart, Dutch Man's Breeches

　높이 30~60cm. 줄기는 원통형으로 속이 비어 있고, 표면은 붉은색 또는 회록색을 띤다. 뿌리는 굵고 다육질이다. 잎은 2회 3출엽으로 연녹색이고, 길이는 15~40cm이며, 소엽은 난형으로 갈라져 있다. 꽃은 아치형의 총상화서로 달리며, 길이는 2~3cm이고, 진분홍색 또는 흰색, 진붉은색이며, 안쪽의 꽃잎은 흰색이다. 꽃 모양은 하트형으로 이색적이다.

현호색과

- 원산지 / 한국, 시베리아, 중국 북부
- 생활형 / 숙근성 다년초
- 개화기 / 5월
- 용도 / 화단용
- 햇빛 / 충분한 햇빛
- 온도 / 노지 월동, 16~30℃ 생육
- 관수 / 보통 관수
- 배양토 / 밭흙, 부엽, 모래는 4:4:2, 배수 요함
- 번식 / 실생, 분주

1	2	3	4	5	6	7	8	9	10	11	12

▲ 금새우란

난초과

- ●원산지 / 한국
- ●생활형 / 숙근성 다년초
- ●개화기 / 4~5월
- ●용도 / 화단용, 분화용
- ●햇빛 / 반광
- ●온도 / −5~0℃ 월동, 10~ 25℃ 생육
- ●관수 / 보통 관수
- ●배양토 / 밭흙, 부엽, 모래 는 4:4:2
- ●번식 / 실생, 분주

금새우란

학명 : *Calanthe sieboldii* Decne
〔*Calanthe discolor* f. *sieboldii* (Decne) Ohwi.〕

높이 20~40cm. 땅속줄기는 염주 모양, 많은 수염뿌리가 있다. 잎은 2~3개가 자라고, 좁고 긴 타원형, 잎 끝은 뾰족하며, 길이 20~30cm, 너비 5~10cm로 세로객이 있다. 꽃은 총상화서로 잎보다 높게 자란 꽃대의 끝 부분에서 8~13개가 피며, 꽃 색깔은 노란색 또는 밝은 노란색이고, 순판은 깊게 세 갈래로 갈라진다. 거(距)는 작고, 열매는 삭과이다.

1	2	3	4	5	6	7	8	9	10	11	12

▲ 금어초 흰 꽃

▲ 금어초 진황색 꽃

▲ 소네트 로즈 ('Sonnet Rose')

▲ 소네트 옐로 ('Sonnet Yellow')

금어초

학명 : *Antirrhinum majus* L.
영명 : Common Snapdragon

높이 20~100cm, 포기 너비 15~60cm. 잎은 대생 또는 호생, 피침형, 길이는 7cm 정도, 진녹색이고 광택이 있다. 꽃은 향기가 나며, 2순형으로 상하로 꽃잎이 있다. 꽃 색깔에는 흰색, 노란색, 구리색, 자주색, 분홍색, 붉은색, 진황색 등이 있으며, 지름은 3~4.5cm이다. 원예 품종으로는 왜성종과 조생종 등이 있다.

1	2	3	4	5	6	7	8	9	10	11	12

현삼과

- 원산지 / 유럽 남부, 지중해 연안
- 생활형 / 1년초
- 개화기 / 추파 5~7월, 춘파 7~10월
- 용도 / 화단용, 절화용
- 햇빛 / 충분한 햇빛
- 온도 / 종자 월동, 16~25℃
- 관수 / 보통 관수
- 배양토 / 밭흙, 부엽, 모래는 5:3:2
- 번식 / 실생

▲ 금잔화

▲ 오렌지색 꽃

국화과

- 원산지 / 유럽 남부
- 생활형 / 추파 1년초
- 개화기 / 3~5월
- 용도 / 화단용, 허브용
- 햇빛 / 충분한 햇빛
- 온도 / 0℃ 월동, 10~21℃ 생육
- 관수 / 보통 관수, 공중 습도는 약간 다습
- 배양토 / 밭흙, 부엽, 모래 는 5:3:2
- 번식 / 실생

금잔화

학명 : *Calendula officinalis* L.
영명 : Pot Marigold, Common Marigold

높이 30~60cm, 포기 너비 25~40cm. 잎은 호생, 피침형 또는 주걱 모양이며, 길이는 15cm 정도로 녹색이 나며, 부드러운 털이 밀생한다. 꽃은 오렌지색이거나 노란색이 나며, 두상화로 독특한 향기 내지는 악취가 나고, 설상화가 홑꽃 또는 겹꽃이다. 꽃의 지름은 8~10cm로 밤에 꽃이 핀다. 많은 원예 품종이 있다.

| 1 | 2 | 3 | 4 | 5 | 6 | 7 | 8 | 9 | 10 | 11 | 12 |

▲ 기생초

기생초 (춘차국)

학명 : *Coreopsis tinctoria* Nutt.
　　　 (*Calliopsis bicolor* Rchb.)
영명 : Calliopsis, Annual Coreopsis

국화과

● 원산지 / 미국의 애리조나 주, 인디애나 주, 미네소 타 주
● 생활형 / 1년초
● 개화기 / 7~10월
● 용도 / 화단용
● 햇빛 / 충분한 햇빛
● 온도 / 종자 월동, 16~30℃ 생육
● 관수 / 내건성, 보통 관수
● 배양토 / 배수 요함, 사양토, 노지 화단
● 번식 / 실생

　높이는 보통 30~60cm이나, 때로는 1m 정도 자라는 것도 있다. 줄기는 곧게 자라 3개씩 분지한다. 잎은 1~2회 우상 복엽으로 길이 5~10cm, 소엽은 선형이다. 꽃은 원추화서로 지름 3~5cm의 두상화가 한 송이씩 피며, 노란색 바탕에 적갈색의 무늬가 가운데에 둥글게 들어 있고, 화심은 적갈색이 난다. 꽃잎은 7~8개, 길이 1.5~2.5cm이며, 끝은 세 갈래로 얕게 갈라진다.

1	2	3	4	5	6	7	8	9	10	11	12

▲ 긴기아눔

난초과

- 원산지 / 오스트레일리아
- 생활형 / 상록 다년초
- 개화기 / 4~5월
- 용도 / 분화용, 착생용
- 햇빛 / 반광
- 온도 / 5℃ 이상 월동, 5~25℃ 생육
- 관수 / 보통 관수, 약간 다습
- 배양토 / 수태, 헤고
- 번식 / 분주, 삽목

긴기아눔

학명 : *Dendrobium kingianum* Bidw. ex Lindl.

　높이 15~30cm, 너비 1~2cm. 줄기의 기부는 비대하고 방추형이며 많은 마디가 있다. 잎은 3~6개, 긴 타원형이고, 기부는 줄기를 싸고 있으며, 끝은 뾰족하다. 꽃대는 1~3개이고, 길이는 7~10cm이다. 꽃의 지름은 1.3~3.3cm로, 흰색 또는 분홍색으로 피며, 순판에는 붉은색 점무늬가 있다. 많은 원예 품종이 있다.

| 1 | 2 | 3 | 4 | 5 | 6 | 7 | 8 | 9 | 10 | 11 | 12 |

꽃담배 ▲   흰 꽃 ▲

꽃담배

학명 : *Nicotina alata* Link et Otto
     (*N. affinia* T. Moore)
영명 : Jasmin Tobacco, Flowering Tobacco

가지과

- 원산지 / 남아메리카 원산 종의 원예 품종
- 생활형 / 1년초
- 개화기 / 7~9월
- 용도 / 화단용
- 햇빛 / 충분한 햇빛
- 온도 / 종자 월동, 16~30℃ 생육
- 관수 / 충분한 관수
- 배양토 / 노지 화단, 배수 요함, 비옥한 사양토
- 번식 / 실생

　높이 80~150cm, 포기 너비 30cm 정도. 줄기는 곧게 자라며 분지한다. 잎은 호생, 주걱형 또는 난상 피침형으로 녹색이고, 길이는 7~10cm, 끈끈한 털이 있다. 꽃은 총상화서로 줄기 끝에 피며, 꽃 색깔은 흰색, 분홍색, 연녹색, 진홍색으로, 길이는 2~3cm 이다. 꽃통이 길며, 끝은 다섯 갈래로 갈라진다. 밤에 향기가 난다.

1	2	3	4	5	6	7	8	9	10	11	12

▲ 꽃딸기|(*Fragaria indica* 'Pink Panda')

장미과

- ●원산지 / 인도, 중국, 일본 원산종의 원예 품종
- ●생활형 / 숙근성 다년초
- ●개화기 / 5~9월
- ●용도 / 관상용, 분화용, 정원용, 베란다용, 채원용
- ●햇빛 / 충분한 햇빛, 반광
- ●온도 / 노지 월동, 16~30℃ 생육
- ●관수 / 충분한 관수
- ●배양토 / 배수 요함, 사양토 밭흙, 부엽, 모래는 4:4:2
- ●번식 / 실생, 분주(포복경)

꽃딸기

학명 : *Fragaria indica* Andr. 'Pink Panda'
〔*Duchesnea indica* (Andr.) Focke 'Pink Panda'〕
영명 : Indian Mock Strawberry

　높이 10~15cm. 잎은 3출 복엽으로 털이 있다. 소엽은 넓든 난형 또는 도란형으로, 잎 가장자리에는 톱니가 있고, 길이는 2.5~4cm이며, 잎자루는 붉은색을 띤 녹색이다. 꽃은 집산화서로 피며, 지름은 2~2.5cm이다. 꽃잎은 5개이지만 7개인 것도 있으며, 원종은 노란색 꽃이 피지만 이 품종은 진분홍색 꽃이 핀다. 열매는 장과로 길이가 2cm이며, 익으면 붉은색이 난다.

1	2	3	4	5	6	7	8	9	10	11	12

▲ 무늬잎꽃마늘(*Tulbaghia violacea* 'Variegata') ▲ 꽃마늘

꽃마늘

학명 : *Tulbaghia violacea* Harv.
영명 : Societ Garlic

높이 30~40cm. 뿌리는 구경 비슷한 뿌리줄기를 가지고 있다. 잎은 부추 잎 모양으로 총생하며, 회록색,너비는 5~8mm로 선형이고 다육질이다. 꽃은 산형화서로 꽃대 끝에 15~20개가 피며, 꽃 색깔은 연보라색이고, 지름은 2cm 정도이다. 꽃잎은 6개로 갈라진다. 식물체에 상처를 내면 마늘 냄새가 난다. 원예 품종으로는 무늬잎꽃마늘(*T. violacea* 'Variegata') 이 있다.

수선화과

- 원산지 / 남아프리카의 케이프타운, 나탈, 트랜스발
- 생활형 / 상록 다년초
- 개화기 / 5~8월
- 용도 / 화단용, 분화용
- 햇빛 / 충분한 햇빛
- 온도 / 5℃ 월동, 16~30℃ 생육
- 관수 / 보통 관수
- 배양토 / 노지 화단, 배수 요함, 비옥한 사양토
- 번식 / 실생, 분주

| 1 | 2 | 3 | 4 | 5 | 6 | 7 | 8 | 9 | 10 | 11 | 12 |

▲ 꽃범의꼬리

꿀풀과

- 원산지 / 캐나다의 동남부
- 생활형 / 숙근성 다년초
- 개화기 / 7~9월
- 용도 / 화단용
- 햇빛 / 충분한 햇빛
- 온도 / 노지 화단 월동, 16~30℃ 생육
- 관수 / 보통 관수
- 배양토 / 노지 화단, 배수 요함
- 번식 / 실생, 분주

꽃범의꼬리 (피소스테기아)

학명 : *Physostegia virginiana* Benth.
영명 : Obedient Plant, False Dragonhead

높이 60~120cm, 포기 너비 28cm 정도. 잎은 호생, 선상 피침형으로 녹색, 길이는 7~12cm, 잎 가장자리에는 톱니가 있다. 꽃은 총상화서로 줄기 끝에서 네 방향에 4줄로 나란히 피며, 꽃 색깔은 자분홍색 또는 흰색이고, 꽃의 길이는 2~3cm이다. 수술은 4개, 암술은 1개이다. 꽃은 손으로 밀면 밀리는 쪽으로 그정되는 특징이 있다.

1	2	3	4	5	6	7	8	9	10	11	12

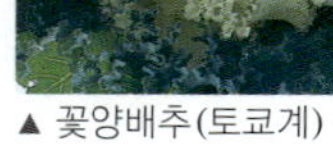

▲ 꽃양배추(토쿄계)　　　　　▲ 꽃양배추(나고야계)

꽃양배추 (색양배추)

학명 : *Brassica oleraceae* L. var. *acephala* DC.
영명 : Flowering Cabbage, Flowering Kale

　높이 15~40cm, 포기 너비 30cm 정도. 잎은 로제트상으로 자라며, 잎 가장자리는 녹색, 중앙부는 파상으로 꽃처럼 흰색, 노란색, 미황색, 붉은색 또는 붉은 분홍색이다. 잎은 오글쪼글한 축엽종(縮葉種)과 파상인 환엽종(丸葉種), 사의 깃 모양으로 갈라진 세열종(細裂種)이 있다. 많은 원예 품종이 있다.

1	2	3	4	5	6	7	8	9	10	11	12

십자화과

- 원산지 / 유럽
- 생활형 / 1, 2년초 관상 엽채류
- 잎 착색기 / 9~12월
- 용도 / 가을~겨울 화단용, 절엽용, 컨테이너용
- 햇빛 / 충분한 햇빛
- 온도 / 0~3℃ 월동, 5~21℃ 생육
- 관수 / 보통 관수, 환기 요함
- 배양토 / 노지 화단. 밭흙, 부엽, 모래는 5:3:2
- 번식 / 실생

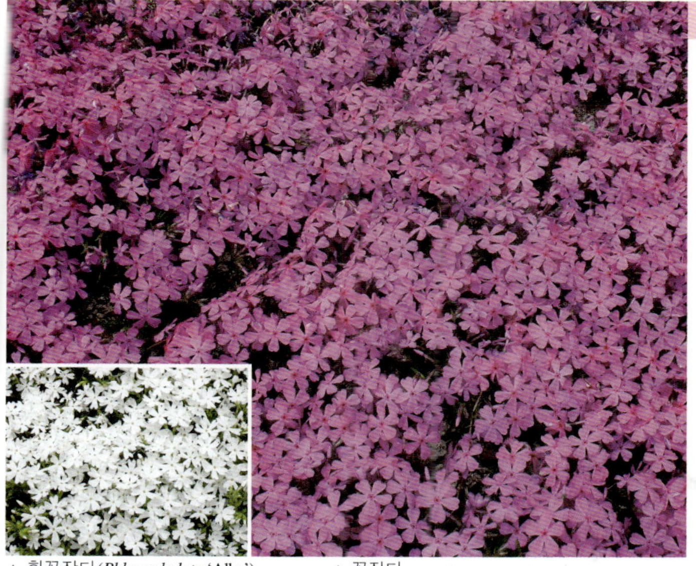

▲ 흰꽃잔디 (*Phlox subulata* 'Alba')　　▲ 꽃잔디

꽃고비과

- 원산지 / 미국 동부 건조 지역
- 생활형 / 숙근성 다년초
- 개화기 / 4～9월
- 용도 / 화단용, 지피 식물용
- 햇빛 / 충분한 햇빛
- 온도 / 노지 월동, 10～25℃ 생육
- 관수 / 충분한 관수
- 배양토 / 노지 화단, 배수 요함
- 번식 / 실생, 삽목, 분주

꽃잔디 (지면패랭이꽃)

학명 : *Phlox subulata* L.
엉명 : Moss Pink, Moss Phlox, Ground Pink

　높이 10cm, 포기 너비 50cm 정도. 줄기는 많이 분지하여 지면을 덮는다. 잎은 대생, 선상 피침형, 선녹색이며, 길이는 8～20mm이다. 꽃은 가지 끝에서 분홍색, 자분홍색, 붉은색, 흰색으로 피며, 지름은 1.5～2 5cm이다 꽃잎은 다섯 갈래로 갈라진다. 원예 품종으로는 흰꽃잔디 (*P. subulata* 'Alba') 등이 있다.

1	2	3	4	5	6	7	8	9	10	11	12

▲ 꽃제라늄 졸리 비(*Geranium* 'Jolly Bee')

꽃제라늄

학명 : *Geranium hybridum* Hort. cv.

높이 20~50cm. 줄기와 잎에는 털이 있다. 줄기는 가늘고 누워 자란다. 잎은 대생, 긴 잎자루가 있고, 잎자루 끝이 5엽으로 갈라진 장상엽으로, 너비 5~8cm이고, 갈라진 잎에는 다시 불규칙한 톱니가 있다. 꽃은 잎겨드랑이에서 나온 긴 꽃대 끝에 한 송이가 피며, 꽃 색깔은 푸른 보라색이고, 중심부는 흰색을 띤다. 꽃잎은 5개로 둥근 도란형이며, 끝이 둥글다.

쥐손이풀과

● 원산지 / 원예 교배종
● 생활형 / 숙근성 다년초
● 개화기 / 7~8월
● 용도 / 지피 식물용
● 햇빛 / 충분한 햇빛
● 온도 / 노지 월동, 16~30℃ 생육
● 관수 / 충분한 관수, 적습지
● 배양토 / 노지 재배. 밭흙, 부엽, 모래는 5:3:2
● 번식 / 실생, 분주

1	2	3	4	5	6	7	8	9	10	11	12

▲ 꽃창포

붓꽃과

- 원산지 / 한국, 일본, 중국 동북부, 아무르, 우수리
- 생활형 / 숙근성 다년초
- 개화기 / 6~7월
- 용도 / 관화용, 수재 화단용
- 햇빛 / 충분한 햇빛
- 온도 / 노지 월동, 16~30℃ 생육, 물 속 월동은 안 됨
- 관수 / 충분한 관수
- 배양토 / 배수 요함, 비옥토
- 번식 / 실생, 분주

꽃창포

학명 : *Iris ensata* Thunb. var *spontanea* (Mak.) Nakai

　높이 60~120cm. 뿌리줄기는 갈색 섬유로 덮여 있다. 잎은 칼 모양, 두 줄로 납작하게 늘어서고, 주맥이 뚜렷하며, 길이 20~60cm, 너비 5~12mm이다. 꽃은 꽃대 끝에서 분지하여 피며, 자줏빛을 띤 붉은 보라색으로 지름은 15cm 정도, 외화피와 내화피는 각각 3개씩이며, 외화피는 안쪽에 노란색 줄이 있고, 내화피는 곧추 서며, 암술대는 세 갈래, 수술은 암술머리 뒤에 숨어 있다. 씨방은 하위로 연한 녹색이 난다. 열매는 삭과로 갈색이다.

1	2	3	4	5	6	7	8	9	10	11	12

▲ 꽈리

꽈리

학명 : *Physalis alkekengi* L. var. *franchetii* Hort.
영명 : Chinese Lantern Plant, Japanese Lantern

높이 50~90cm. 곧게 자라며, 땅속줄기는 옆으로 뻗는다. 잎은 호생, 잎자르가 있고, 삼각형 비슷한 난형 내지 능형으로, 길이는 8~12cm이다. 꽃은 잎겨드랑이에서 한 송이씩 유백색으로 늘어져 피며, 개화 후 열매가 달린다. 열매는 주머니 모양으로 바람이 들어 있고, 지름은 5cm 정도 된다. 주머니 안에는 구슬만한 열매가 들어 있으며, 주홍색으로 익는다.

| 1 | 2 | 3 | 4 | 5 | 6 | 7 | 8 | 9 | 10 | 11 | 12 |

가지과

- 원산지 / 일본, 유럽 동남부
- 생활형 / 숙근성 다년초
- 개화기 / 6~7월
- 용도 / 화단용, 관실용, 화훼 장식용
- 햇빛 / 충분한 햇빛
- 온도 / 노지 월동, 16~25℃ 생육 개화
- 관수 / 보통 관수
- 배양토 / 노지 화단, 배수 요함
- 번식 / 실생, 분주

수선화과

- 원산지 / 페루
- 생활형 / 상록 구근 다년초
- 개화기 / 7~10월
- 용도 / 분화용
- 햇빛 / 충분한 햇빛, 반광
- 온도 / 0℃ 월동, 18~22℃ (최적 온도), 16~30℃ 생육
- 관수 / 보통 관수
- 배양토 / 밭흙, 부엽, 모래는 2:2:6
- 번식 / 실생

나도사프란

학명 : *Zephyranthes candida* (Lindl.) Herb.
영명 : White Amaryllis

　높이 30cm 정도. 구근은 비늘줄기가 있으며, 비늘줄기의 지름은 3cm, 길이는 5cm 정도 된다. 잎은 다육질로 여러 개가 무더기로 자라며, 암녹색이고, 잎의 길이는 20~35cm이다. 꽃은 잎과 잎 사이에서 자란 꽃대에 피며, 흰색이다. 꽃잎과 수술은 6개, 암술은 1개, 암술머리는 세 갈래로 갈라진다. 열매는 삭과로, 부추와 비슷하다.

1	2	3	4	5	6	7	8	9	10	11	12

▲ 파탈('Fatal')나리

나리

학명 : *Lilium hybridum* Hort. cv.
영명 : Liliy

높이 30~120cm 자라지만, 대부분의 원예종 나리류는 50~100cm 자라며, 줄기는 곧게 선다. 잎은 대생, 윤생 또는 호생하고, 좁은 선형 또는 선상 피침형으로, 끝은 뾰족하다. 꽃잎은 내판이 3개, 외판이 3개이며, 꽃 색깔은 흰색, 노란색, 주적색 등 다양하다. 나리류를 화훼학적으로 분류하면, 원종들을 교배하여 육성해 낸 품종들로 아시아계 교잡종(Asiatic Hybrids)과 동양계 교잡종(Oriental Hybrids), 롱기플로룸계 교잡종(Longiflorum Hybrids), LA계 교잡종(LA Hybrids) 등이 있다.

- ●원산지 / 원예 교배종
- ●생활형 / 숙근성 구근 다년초
- ●개화기 / 5~9월. 품종에 따라 다름
- ●용도 / 화단용, 절화용, 분화용
- ●햇빛 / 충분한 햇빛
- ●온도 / 14~25℃ 생육
- ●관수 / 보통 관수
- ●배양토 / 배수 요함, 사양토, 밭흙, 부엽, 모래는 4:4:2
- ●번식 / 비늘줄기 분구

1	2	3	4	5	6	7	8	9	10	11	12

▲ 카로리네 텐센(‘Carorine Tensen’)

▲ 브루넬로(‘Brunello’)

▲ 옐로 선(‘Yellow Sun’)

▲ 도르도뉴(‘Dordogne’)

▲ 발드솔(‘Val de Sole’)

▲ 브린디시(‘Brindish’)

▲ 나팔꽃

나팔꽃

학명 : *Ipomoea nil* (L.) Roth.
　　　(*Pharbitis nil* Choisy)
영명 : Japanese Morning Glory

　줄기 길이 2~3m. 다른 물체를 감고 자란다. 잎은 호생, 잎자루가 있고, 난상 심장형 또는 세 갈래로 갈라지며, 각 갈라진 잎은 끝이 뾰족하다. 잎의 길이는 8~15cm이고, 잎 가장자리에는 가는 털이 있다. 꽃은 잎겨드랑이에서 나온 긴 꽃대 끝에 나팔 모양으로 1~3개가 피며, 지름은 5~11cm이고, 꽃 색깔은 자홍색, 청보라색, 연분홍색 등 다양하다. 열매는 삭과로, 둥글고 3실이다.

1	2	3	4	5	6	7	8	9	10	11	12

메꽃과

- 원산지 / 열대 아시아, 히말라야
- 생활형 / 덩굴성 춘파 1년초
- 개화기 / 7~9월
- 용도 / 화단용, 철책 울타리용, 약용, 벽면 트렐리스용
- 햇빛 / 충분한 햇빛
- 온도 / 종자 월동, 16~30℃ 생육
- 관수 / 보통 관수
- 배양토 / 노지 화단, 배수 요함. 밭흙, 부엽, 모래는 5:3:2
- 번식 / 실생

▲ 로열 믹스('Royale Mix') 나팔담배꽃

가지과

- 원산지 / 칠레, 페루
- 생활형 / 춘파 1년초
- 개화기 / 7~8월
- 용도 / 화단용, 분화용
- 햇빛 / 충분한 햇빛
- 온도 / 16~30℃ 생육
- 관수 / 충분한 관수
- 배양토 / 노지 화단, 배수 요함. 밭흙, 부엽, 모래는 3:5:2
- 번식 / 실생

나팔담배꽃

학명 : *Sclpiglossis sinuata* Ruiz et Pav.
영명 : Scalloped Salpiglossis, Painted-tongue

높이 30~70cm. 줄기는 곧게 서고, 잘 분지하며, 줄기와 잎은 끈끈한 털로 덮여 있다. 줄기 아랫잎에는 잎자루가 있으며, 긴 타원상 선형 또는 타원형이다. 꽃은 나팔 모양으로, 끝은 다섯 갈래로 갈라지며, 길이와 너비는 각각 5~6cm, 비로드 모양의 점액이 있고, 흰색, 노란색, 붉은색, 보라색, 자주색, 분홍색 등의 바탕에 노란색 무늬가 있거나 망상의 줄무늬가 있다. 각 꽃잎 끝은 오목하게 갈라진다.

| 1 | 2 | 3 | 4 | 5 | 6 | 7 | 8 | 9 | 10 | 11 | 12 |

▲ 네메시아의 여러 가지 색깔의 꽃들

▲ 선사티아 망고('Sunsatia Mongo')

▲ 선사티아 래즈베리('Sunsatia Raspberry')

네메시아

학명 : *Nemesia hybrida* Hort. cv.
영명 : Nemesia

현삼과

- 원산지 / 남부 아프리카
- 생활형 / 1년초
- 개화기 / 3~5월
- 용도 / 분화용, 화단용, 절화용, 창문 화단용
- 햇빛 / 충분한 햇빛, 반광
- 온도 / 0℃ 월동, 16~30℃ 생육
- 관수 / 충분한 관수
- 배양토 / 밭흙, 부엽, 모래는 5:3:2
- 번식 / 실생

　높이 18~45cm, 포기 너비는 20~25cm로 분지한다. 잎은 대생, 설상형 내지 선형으로, 잎 가장자리에 가시 모양의 톱니가 있다. 꽃은 총상화서로 가지 끝에서 피며, 지름은 2~3cm이고, 꽃 색깔은 흰색, 노란색, 황백색, 붉은색, 보라색, 연보라색, 자홍색, 푸른색 등과, 두 가지 색이 복색으로 피는 등 다양하다. 꽃통 안쪽 기부는 주머니처럼 볼록하며, 오렌지빛을 띤 노란색이다.

| 1 | 2 | 3 | 4 | 5 | 6 | 7 | 8 | 9 | 10 | 11 | 12 |

▲ 네모필라

네모필라과

- 원산지 / 미국의 오리건, 캘리포니아
- 생활형 / 1년초(춘파, 추파)
- 개화기 / 3~4월
- 용도 / 분화용, 화단용, 창문 화단용
- 햇빛 / 충분한 햇빛
- 온도 / 10~23℃ 생육
- 관수 / 충분한 관수
- 배양토 / 비옥한 사양토. 밭흙, 부엽, 모래는 4:4:2
- 번식 / 실생, 분주

네모필라

학명 : *Nemophila menziesii* Hook. et Arn.
(*Nemophila insignis* Dougl. ex Benth.)
영명 : Baby Blue Eye

높이 8~25cm. 식물 전체에 털이 있다. 줄기는 처음에는 포복성으로 자라지만 나중에는 분지하며 직립한다. 잎은 대생하나 때로는 아래쪽의 잎이 호생, 우상엽은 셋~아홉 갈래로 중간쯤 갈라진다. 갈라진 잎은 대부분 톱니가 없고 털이 있다. 꽃은 잎겨드랑이에서 1개씩 피며, 지름은 1.3~2.5cm, 꽃자루는 잎보다 길며, 꽃의 형태는 넓은 종 모양이고, 끝은 다섯 갈래로 갈라진다. 꽃 색깔에는 선명한 연푸른색과 흰색이 있으며, 꽃 중심부에 흰색의 무늬가 들어 있거나 암갈색 또는 자색의 점무늬가 들어 있다. 많은 품종이 있으며, 꽃의 색깔은 다양하다.

1	2	3	4	5	6	7	8	9	10	11	12

▲ 네펜데스 레드 피처 플랜트(*Nepenthes* 'Red Pitcher Plant')

네펜데스 레드 피처 플랜트

학명 : *Nepenthes* 'Red Pitcher Plant'
영명 : Nepenthes

줄기 길이 4m 정도. 잎은 기부에서는 좁다가 차츰 넓어져 긴 타원형이 되며, 길이는 15~25cm, 너비는 2~5cm이다. 벌레잡이통은 아랫부분이 넓은 통 모양이고, 윗부분은 좁은 원통형이며, 중간 부분은 약간 잘록하고, 높이는 8~16cm, 너비는 3~5cm이다. 벌레잡이통은 잎 끝에서 연결하는 선형의 줄기가 있으며, 붉은색의 루손계와 녹색의 민다나오계가 있다. 이들은 모두 덮개가 바가지 모양으로 볼록하고, 돌기가 있으며, 날개에는 약간의 톱니와 털이 있다.

벌레잡이통풀과

- 원산지 / 필리핀, 수마트라, 말레이시아, 보르네오, 몰루카 제도
- 생활형 / 덩굴성 상록 다년초
- 개화기 / 6~8월
- 용도 / 교육용 표본 식물, 공중걸이용
- 햇빛 / 반광
- 온도 / 15~18℃ 월동, 25~35℃ 생육
- 관수 / 다습, 공중 습도 90%
- 배양토 / 수태만으로 재배
- 번식 / 실생, 삽목

| 1 | 2 | 3 | 4 | 5 | 6 | 7 | 8 | 9 | 10 | 11 | 12 |

▲ 네펜데스 알라타

벌레잡이통풀과

- 원산지 / 필리핀, 수마트라, 말레이시아, 보르네오, 몰루카 제도
- 생활형 / 덩굴성 상록 다년초
- 개화기 / 6~8월
- 용도 / 공중걸이용, 분화용, 교육용 벌레잡이 식물
- 햇빛 / 반광
- 온도 / 15~18℃ 월동, 25~35℃ 생육
- 관수 / 충분한 관수, 약간 다습
- 배양토 / 수태만으로 재배. 피트모스, 펄라이트는 7:3
- 번식 / 삽목, 취목

네펜데스 알라타

학명 : *Nepenthes alata* Bl.

줄기 길이 4m 정도. 잎은 기부에서는 좁다가 넓어져 긴 도란상 타원형이 되며, 길이는 15~25cm, 너비는 2~5cm이다. 벌레잡이통의 아랫부분은 통통한 넓은 통형이고, 윗부분은 좁은 원통형, 중간 부분은 약간 잘록하며, 높이는 8~16cm, 너비는 3~5cm이다. 잎 끝에는 벌레잡이통을 연결하는 선형의 줄기가 있고, 통 부위는 붉은색이며, 적갈색의 점무늬가 있는 것도 있다. 덮개와 돌기가 있으며, 날개에는 약간의 톱니와 털이 있다.

1	2	3	4	5	6	7	8	9	10	11	12

▲ 노랑새우풀

노랑새우풀

학명 : *Pachystachys lutea* Nees.
(*Beloperone guttata* Brande. var. 'Yellow Queen' Hort.)
영명 : Gold Hops, Super Goldy, Lollypops

높이 1m 정도, 포기 너비 45~75cm. 곧게 자라거나 분지한다. 잎은 대생, 난형 또는 긴 타원상 피침형으로 길이는 8~15cm, 녹색이고, 끝은 뾰족하며, 잎맥이 뚜렷하다. 황금색의 포가 줄기 끝에 15cm 길이의 수상화서를 이루어 4줄로 배열되며, 포 사이에서 흰색 꽃이 핀다.

| 1 | 2 | 3 | 4 | 5 | 6 | 7 | 8 | 9 | 10 | 11 | 12 |

쥐꼬리망초과

- 원산지 / 멕시코 원산종의 원예 변종
- 생활형 / 온실 상록 다년초
- 개화기 / 7~8월
- 용도 / 분화용, 온실 노지용
- 햇빛 / 충분한 햇빛
- 온도 / 5~8℃ 월동, 16~30℃ 생육
- 관수 / 보통 관수
- 배양토 / 밭흙, 부엽, 모래는 5:3:2
- 번식 / 삽목

▲ 노랑어리연꽃

용담과

- 원산지 / 한국, 일본, 중국, 아시아 동북부, 유럽
- 생활형 / 숙근성 수생 식물
- 개화기 / 7~9월
- 용도 / 분식 수재 화단용
- 햇빛 / 충분한 햇빛
- 온도 / 노지 월동, 16~30℃ 생육
- 관수 / 수생 식물
- 배양토 / 밭흙, 부엽, 모래는 5:3:2, 물 속 흙에 식재
- 번식 / 뿌리줄기 분주

노랑어리연꽃

학명 : *Nymphoides peltata* O. Kuntze
영명 : Water Fringe Yellow Floating Heart

뿌리줄기는 옆으로 길게 뻗으며, 줄기는 물 속에서 2m 정도 자란다. 잎은 대생, 잎자루가 길게 자라며, 난형 또는 원형, 기부는 깊이 갈라지고, 지름은 5~10cm로 두꺼우며, 황록색에 광택이 있고, 물 위에 떠 있다. 꽃은 산형화서로 잎겨드랑이에서 긴 꽃대가 자라 노란색 꽃이 물 위에 떠서 핀다. 꽃잎은 깊게 다섯 갈래로 갈라지며, 가장자리에는 털이 있다. 열매는 삭과로, 종자에 날개가 있다.

1	2	3	4	5	6	7	8	9	10	11	12

▲ 코스믹('Cosmic') 노랑코스모스　　　　▲ 노랑코스모스

노랑코스모스

학명 : *Cosmos sulphureus* Cav.
영명 : Yellow Cosmos, Orange Cosmos

국화과

- 원산지 / 멕시코
- 생활형 / 춘파 1년초
- 개화기 / 6~10월
- 용도 / 화단용
- 햇빛 / 충분한 햇빛
- 온도 / 종자 월동, 16~30℃ 생육
- 관수 / 보통 관수
- 배양토 / 노지 재배
- 번식 / 실생

　높이 0.8~2m, 포기 너비 45cm 정도. 단일성 식물이다. 줄기는 잘 분지하며, 부드러운 털이 밀생한다. 잎은 2~3회 새의 깃 모양으로 깊이 갈라지며, 길이는 18cm이고, 갈라진 잎은 선형이다. 꽃은 두상화로 노란색 또는 오렌지색이고, 화심은 진황색 또는 노란색이며, 지름은 3.5~6cm이다. 설상화는 방사형으로 핀다. 종자는 수과로 검은색이다.

1	2	3	4	5	6	7	8	9	10	11	12

▲ 노랑혹가지　　　　　　　　　　▲ 열매

가지과

- 원산지 / 중앙 아메리카, 브라질
- 생활형 / 상록 관목(원산지), 춘파 1년초
- 개화기 / 7~8월
- 용도 / 관실용, 화훼 장식용, 절화용
- 햇빛 / 충분한 햇빛
- 온도 / 16~30℃ 생육
- 관수 / 충분한 관수
- 배양토 / 비옥한 사양토, 배수 요함, 화단 재배
- 번식 / 실생, 3월에 실내 파종, 5월에 노지로 옮김

노랑혹가지 (여우가지)

학명 : *Solanum marimosum* L.
영명 : Fox Face

　높이 1~1.5m. 줄기는 녹색, 흰색의 부드러운 털로 덮여 있으며, 분지한다. 가지 기부에는 노란색의 가시가 있다. 잎은 심장형, 가장자리에는 결각상이고 파상으로 부드러운 털이 밀생하며, 끝은 뾰족하다. 꽃은 3~4개가 잎겨드랑이에서 군생하며, 꽃 색깔은 보라색으로 별 모양이다. 꽃잎은 5개로 지름이 3cm 정도 된다. 열매는 난형이며, 끝 부분은 여우 주둥이같이 좁아져 젖꼭지 모양으로 뾰족하고, 기부에는 5개 내외의 혹이 있다. 열매는 녹색이지만 익으면 노란색이 되고 광택이 난다.

| 1 | 2 | 3 | 4 | 5 | 6 | 7 | 8 | 9 | 10 | 11 | 12 |

▲ 누홍초

누홍초

학명 : *Ipomoea × multifida* (Raf.) Shinn.
　　　(*Quamoclit × multifida* Raf., *Q. × sloteri* House,
　　　Q. × cardinalis Hort.)
영명 : Cardinal Climber

메꽃과

- 원산지 / 원예 교배종
- 생활형 / 춘파 1년초
- 개화기 / 6~9월
- 용도 / 화단용, 트렐리스용
- 햇빛 / 충분한 햇빛
- 온도 / 16~30℃ 생육
- 관수 / 충분한 관수
- 배양토 / 밭흙, 부엽, 모래
  는 5:3:2, 노지 재배
- 번식 / 실생

　열대 아메리카 원산종인 *I. coccinea*와 *I. quamoclit* 와의 교배종으로, 줄기 길이는 4m 정도, 덩굴성으로 다른 물체를 감으며 자란다. 잎은 호생, 잎자루가 길 며, 우상엽으로 갈라진다. 꽃은 긴 꽃대 끝에 나팔 모 양으로 활짝 피며, 선홍색이그, 지름은 2.5cm로 끝 부분은 오각형이다. 꽃받침은 다섯 갈래로 갈라진다.

| 1 | 2 | 3 | 4 | 5 | 6 | 7 | 8 | 9 | 10 | 11 | 12 |

▲ 골드 리프(‘Gold Leaf’) 뉴기니봉선화

▲ 소닉 스위트 오렌지(‘Sonic Sweet Orange’)

봉선화과

- 원산지 / 뉴기니 원산종의 원예 품종
- 생활형 / 춘파 1년초, 다년초(열대, 아열대)
- 개화기 / 7~9월
- 용도 / 화단용, 분화용
- 햇빛 / 충분한 햇빛, 반광
- 온도 / 16~30℃ 생육
- 관수 / 충분한 관수
- 배양토 / 밭흙, 부엽, 모래는 5:3:2
- 번식 / 실생, 삽목

뉴기니봉선화

학명 : *Impatiens hybrida* ‘Newguinea’
영명 : New Guinea Hybrida Impatiens

높이 30~60cm. 줄기는 굵고 곧게 자라며 다즙질이다. 잎은 난형 또는 타원상 피침형이며, 흰색, 연황색, 또는 노란색, 분홍색 등의 무늬가 있다. 꽃은 윗부분의 잎겨드랑이에서 피고, 분홍색 또는 진홍색 등 색깔이 다양하며, 꽃 뒤에는 거(距)가 있다. 열매는 삭과로, 9~10월에 익는다. 아이오와 대학교에서 *Impatiens hawkeri*를 교배하여 육성한 원예 품종이다.

1	2	3	4	5	6	7	8	9	10	11	12

▲ 니겔라

니겔라

학명 : *Nigella damascena* L.
영명 : Nigella, Devil-in-a-bush

미나리아재비과

- 원산지 / 유럽 남부, 아프리카 북부
- 생활형 / 추파·춘파 1년초
- 개화기 / 5~7월
- 용도 / 화단용, 허브용, 절화용, 약용, 압화용
- 햇빛 / 햇빛, 반광
- 온도 / 15~25℃ 생육
- 관수 / 충분한 관수
- 배양토 / 밭흙, 부엽, 모래는 5:3:2
- 번식 / 실생, 호암성 종자 발아, 수명 2~3년

높이 50cm 정도. 줄기는 많이 분지한다. 잎은 호생, 3~4회 새의 깃 모양으로 코스모스 잎처럼 가늘게 갈라진다. 꽃받침은 가지 끝에 하나씩 달리며, 꽃잎 모양, 흰색 또는 연푸른색이고, 지름은 2~4cm이다. 꽃은 흰색, 푸른 보라색으로, 잎 모양으로 잘게 갈라진 많은 포편이 있다. 꽃잎 끝은 갈라져 벌어져 있으며, 뾰족하다. 열매는 구형으로 통통하다. 종자는 검고 작으며, 8~9월에 익는다.

1	2	3	4	5	6	7	8	9	10	11	12

▲ 니에렘베르기아

가지과

- 원산지 / 아르헨티나
- 생활형 / 다년초
- 개화기 / 6~8월
- 용도 / 화단용, 분식용
- 햇빛 / 햇빛, 반광
- 온도 / 7℃ 월동, 15~30℃ 생육
- 관수 / 보통 관수, 배수 요함
- 배양토 / 과습은 뿌리 부패, 비옥한 사양토. 밭흙, 부엽, 모래는 5:3:2
- 번식 / 실생, 분주, 삽목

니에렘베르기아

학명 : *Nieremberg a hippomanica* Miers.
　　　(*Nierembergia caerulea* Sealy)
영명 : Cup Flower, Dwarf Cup Flower

　높이 15~40cm. 줄기는 가늘고, 많이 분지하며, 옆으로 비스듬히 자란다. 잎은 호생, 선형 또는 설상형으로, 길이는 1.5cm 정도 된다. 꽃은 위를 향해 피며, 꽃 색깔은 진보라색, 연보라색, 흰색이고, 지름은 2cm 정도, 사발형으로 통꽃이며, 꽃잎 끝은 다섯 갈래로 얕게 갈라진다. 꽃밥은 연황색이다.

1	2	3	4	5	6	7	8	9	10	11	12

▲ 니포피아 우바리아

니포피아 우바리아

학명 : *Kniphofia uvaria* (L.) Oken
영명 : Torch Lily, Poker Plant

높이 120cm, 포기 너비 60cm 정도. 잎은 곧게 서거나 아치형으로 자라며, 길이 60cm 정도, 너비 2~2.5cm이다. 꽃은 수상화서로 잎 중앙에서 잎보다 높게 자란 긴 꽃대에 피며, 화서의 길이는 15cm 정도이고, 병솔 모양이다. 꽃의 길이는 3~4cm, 지름은 3~5mm로, 봉오리는 붉은 오렌지색을 띠며, 아랫부분은 노란색이다.

백합과

- 원산지 / 남아프리카
- 생활형 / 상록 숙근성 다년초
- 개화기 / 9~10월
- 용도 / 화단용, 정원용, 절화용
- 햇빛 / 충분한 햇빛
- 온도 / 0℃ 월동, 15~25℃ 생육
- 관수 / 보통 관수
- 배양토 / 배수 요함, 노지 화단. 밭흙, 부엽, 모래는 5:3:2
- 번식 / 실생, 분주

1	2	3	4	5	6	7	8	9	10	11	12

▲ 파라곤('Paragon')

▲ 피가로('Figaro')

▲ 주아니타('Juanita')

▲ 매직 모멘트
('Magic Moment')

▲ 오렌지 쿠션
('Orange Cushion')

▲ 혼카('Honka')

국화과

- 원산지 / 원예 교배종
- 생활형 / 춘식 구근성 다년초
- 개화기 / 6~9월
- 용도 / 관화용, 화단용
- 햇빛 / 충분한 햇빛
- 온도 / 5℃ 이상 월동, 16~30℃ 생육
- 관수 / 보통 관수
- 배양토 / 비옥한 사양토
- 번식 / 구근 번식, 실생

달리아

학명 : *Dahlia hybrida* Hort. cv.
영명 : Dahlia

　높이 1~1.8m, 포기 너비 60cm 정도. 잎은 대생, 잎자루가 있고, 1~2회 우상엽이다. 소엽은 난형이고 톱니가 있으며, 앞면은 진녹색, 뒷면은 회백색을 띤 연녹색이다. 꽃은 두상화로 다양한 형태로 핀다. 원예 품종은 홑꽃종과 겹꽃종으로, 수련꽃형, 아네모네형 폼폰형, 볼형, 세미캑터스형, 캑터스형, 데커레이티브형 등이 있다.

| 1 | 2 | 3 | 4 | 5 | 6 | 7 | 8 | 9 | 10 | 11 | 12 |

▲ 에이미 케이('Amy-K')
▲ 낸시 앤('Nancy-Ann')
▲ 아만다 메이('Amanda May')
▲ 알펜 체럽('Alpen Cherub')
▲ 코넬('Cornell')
▲ 폴('Paul')
▲ 알로웨이 캔디
('Alloway Candy')
▲ 치마쿰 캐티
('Chimacum Katie')
▲ 파크 프린세스
('Park Princess')
▲ 스완스 선세트('Swan's Sunset')
▲ 타르탄('Tartan')

▲ 대상화

▲ 막스 포겔('Max Vogel')
꽃대상화

미나리아재비과

- ●원산지 / 중국 원산종 교배종
- ●생활형 / 숙근성 다년초
- ●개화기 / 7~9월
- ●용도 / 화단용
- ●햇빛 / 충분한 햇빛
- ●온도 / 3℃ 이상 월동, 10~25℃ 생육
- ●관수 / 보통 관수
- ●배양토 / 비옥한 사양토. 밭흙, 부엽, 모래는 4:4:2
- ●번식 / 실생, 분주, 근삽

대상화

학명 : *Anemone × hybrida* Hort.
영명 : Japanese Anemone

높이 1.2~1.5m. 생육이 왕성하다. 땅속줄기는 섬유질로 덮여 있다. 근출엽은 긴 잎자루를 가지고 있으며, 원형 또는 넓은 타원형으로 3출 복엽이다. 근출엽은 길이 10~20cm, 경엽은 5~12cm, 줄기는 분지하여 12~18개의 꽃이 산형화서로 핀다. 꽃은 홑꽃으로 흰색이며, 지름은 7~9cm, 꽃받침은 6~11개이다. *Anemone hupehensis* var. *japonica* × A. *vitifolia* 의 교배종으로, 종간 잡종이다.

| 1 | 2 | 3 | 4 | 5 | 6 | 7 | 8 | 9 | 10 | 11 | 12 |

▲ 흰 꽃　　　　　　　　▲ 더치 아이리스

더치 아이리스

학명 : *Iris hollandica* Hort.
영명 : Dutch Iris

　높이 30~80cm. 경엽은 곧게 서며, 잎은 좁고 납작하고, 끝은 뾰족하다. 꽃은 줄기 끝에 핀다. 꽃잎은 6개이며, 안쪽 3개는 크고, 바깥쪽 3개는 작다. 꽃 색깔은 노란색, 남색, 자주색, 청자색 등이며, 노란색 무늬가 들어 있다. 많은 원예 품종이 있다. 원예 교잡종으로, *Iris xiphium* L.를 모체로 *I. boissieri*, *I. tingitana* 등을 교잡한 품종들이다.

붓꽃과

- 원산지 / 원예 교잡종
- 생활형 / 추식 구근성 다년초
- 개화기 / 4~5월
- 용도 / 절화용, 화단용
- 햇빛 / 충분한 햇빛
- 온도 / 5℃ 이상 월동, 5~15℃ 생육
- 관수 / 보통 관수
- 배양토 / 비옥한 사양토
- 번식 / 분구

1	2	3	4	5	6	7	8	9	10	11	12

▲ 엘리자버스 ('Elizabeth')

▲ 핑크 리본 세트 ('Pink Ribbon Set')

▲ 옐로 송 기안티 ('Yellow Song Giantii')

난초과

- ●원산지 / 뉴질랜드, 사모아, 열대 아시아와 난대
- ●생활형 / 상록 다년초
- ●개화기 / 4~9월, 종별로 개화 시기가 다름
- ●용도 / 분화용, 착생용
- ●햇빛 / 햇빛, 반광
- ●온도 / 5℃ 이상 월동, 10~23℃ 생육
- ●관수 / 보통 관수, 약간 다습
- ●배양토 / 수태, 헤고
- ●번식 / 분주, 삽목

덴드로븀

학명 : *Dendrobium hybridum* Hort. cv.
영명 : Dendrobium

　줄기에는 마디가 많으며, 잎은 줄기 윗부분에 붙어 있는 것이 많다. 꽃은 총상화서로 줄기 윗부분에서 많이 피며, 꽃 색깔은 노란색, 분홍색, 흰색 등 다양하다. 원예종으로 이용되는 것 중에는 설판(舌瓣)이 넓고 둥근 것이 인기가 높으며, 많은 원예 품종들이 육성되고 있다. 한국에도 같은 속 석곡(*D. moniliforme*)이 자생한다. 전 세계에 1500여 종이 자생하나, 약 200종 정도가 원예종으로 재배되고 있다.

1	2	3	4	5	6	7	8	9	10	11	12

▲ 덴드로븀 티르시플로룸

덴드로븀 티르시플로룸

학명 : *Dendrobium thyrsiflorum* Rchb. f.

높이 25~60cm. 줄기는 곧게 자라며, 마디가 있고, 세로로 가는 줄홈이 있다. 잎은 잎자루가 없고, 줄기 윗부분에서 5~7개가 나며, 길이 10~15cm로 피침형~타원형이다. 꽃대는 길이 20~30cm로, 늘어져서 탐스럽게 총상화서로 많은 꽃이 핀다. 꽃의 지름은 4~5cm로 순백색이며, 순판은 진황색으로 부드러운 털이 있다.

- 원산지 / 인도, 미얀마
- 생활형 / 착생 상록 다년초
- 개화기 / 4~5월
- 용도 / 분화용, 착생용
- 햇빛 / 반광
- 온도 / 5℃ 이상 월동, 10~23℃ 생육
- 관수 / 보통 관수, 약간 다습
- 배양토 / 수태, 헤고
- 번식 / 분주, 삽목

1	2	3	4	5	6	7	8	9	10	11	12

▲ 덴팔레 트러디 브랜드('Trudy Brand')　▲ 덴팔레 레인보 댄스('Rainbow Dance')

난초과

- 원산지 / 티모르, 뉴기니
- 생활형 / 온실 상록 다년초 착생종
- 개화기 / 10~4월
- 용도 / 분화용, 절화용
- 햇빛 / 햇빛 또는 반광
- 온도 / 10℃ 월동, 13~35℃ 생육
- 관수 / 보통 관수, 다습
- 배양토 / 수태, 난석
- 번식 / 분주

덴팔레

학명 : *Dendrobium phalaenopsis* R. Fitzg.
영명 : Denphalae

　높이 25~60cm, 줄기에는 많은 마디가 있다. 줄기의 지름은 1.5~2cm, 잎은 줄기 윗부분에 4~7개가 호생하며, 길이 15~20cm, 너비 2~3cm로 녹색이고, 선형의 가죽질로 끝이 뾰족하다. 꽃은 줄기 끝이나 윗부분의 잎겨드랑이에서 총상화서로 1~5개의 꽃이 핀다. 꽃대는 길이 50~60cm로 10~20개의 꽃이 핀다. 꽃의 지름은 5.7~6cm로 활짝 핀다. 꽃잎은 6개, 3개는 작고, 양쪽의 2개는 크며, 순판은 작다. 꽃 색깔은 자홍색이며, 교배종으로 사용된다.

1	2	3	4	5	6	7	8	9	10	11	12

▲ 자이언트 ('Giant') ▲ 델피늄

델피늄

학명 : *Delphinium hybridum* Hort.
영명 : Candle Delphinium, Candle Larkspur

<table>
<tr><td>미나리아재비과</td></tr>
</table>

●원산지 / 원예 교배종
●생활형 / 다년초이나 1년
 초로 취급
●개화기 / 7~8월
●용도 / 절화용, 화단용, 분
 식용
●햇빛 / 충분한 햇빛
●온도 / 노지 월동, 13~23℃
 생육, 고온에 약함
●관수 / 보통 관수, 내건성
●배양토 / 밭흙, 부엽, 모래
 는 4:4:2
●번식 / 실생, 삽목, 분주

높이 60~180cm. 줄기는 곧게 자란다. 잎은 장상
엽으로 다섯~일곱 갈래로 갈라지며, 윗부분의 잎은
셋~다섯 갈래로 갈라진다. 꽃은 줄기 끝에서 총상화
서로 자라며, 화서의 길이는 30cm 정도 된다. 꽃받침
은 꽃잎 모양이 5개이고, 꽃잎은 안쪽에 작게 핀다.
꽃 색깔은 흰색, 크림색, 분홍색, 연보라색 등 다양하
고, 홑꽃과 겹꽃 등 원통형을 이루며, 조밀하고 탐스
럽게 핀다. 꽃의 지름은 2~4cm이고, 윗부분의 꽃받
침에 거가 있다. 원예 품종으로 F$_1$ 육성종이다. Giant
Pacific과 Magic Fountain계 등이 있다.

1	2	3	4	5	6	7	8	9	10	11	12

▲ 도깨비망초

쥐꼬리망초과

- 원산지 / 유럽 동남부~아시아 서남부
- 생활형 / 숙근성 다년초
- 개화기 / 6~8월
- 용도 / 정원용
- 햇빛 / 반광, 햇빛
- 온도 / 10~21℃ 생육
- 관수 / 충분한 관수, 환기 요함
- 배양토 / 배수 요함, 사양토로 석회질이 함유된 흙
- 번식 / 실생, 분주

도깨비망초

학명 : *Acanthus spinosissimus* Per.
　　　(*A. spinosus* L.)
영명 : Spiny Acanthus

　높이 70~150cm, 포기 너비 60~90cm. 잎은 긴 타원형으로 광택이 나고, 새의 깃 모양이며, 민들레 잎같이 깊게 갈라진다. 갈라진 끝은 뾰족하며, 가시가 있다. 꽃은 뿌리에서 자란 잎 기부 사이에서 꽃대가 1m 정도 자라 수상화서로 흰색 꽃이 핀다. 포는 자갈색이 난다. 잎의 형태는 그리스 건축의 기둥 장식용 도안으로 이용되었다.

1	2	3	4	5	6	7	8	9	10	11	12

▲ 도깨비산토끼꽃

도깨비산토끼꽃

학명 : *Dipsacus fullonum* L.
 (*D. sylvestris* Huds.)
영명 : Wild Tassel, Wild Karde

　높이 1~2m. 줄기는 곧게 자라며, 가시가 있다. 기부의 잎은 대생, 난상 피침형으로 끝은 뾰족하며, 기부는 둥글고 톱니가 있다. 경엽은 대생, 피침형으로, 윗부분의 것은 톱니가 없다. 꽃은 줄기 끝에서 긴 꽃대가 자라, 길이 10cm 정도 되는 원통형의 두상화서로 꽃이 핀다. 꽃은 푸른색 또는 연보라색으로 피며, 총포는 화서보다 짧고 뒤로 말린다. 꽃대에는 가시가 밀생한다.

1	2	3	4	5	6	7	8	9	10	11	12

산토끼꽃과

- 원산지 / 유럽, 북아프리카, 아시아
- 생활형 / 2년초
- 개화기 / 7~9월
- 용도 / 절화용, 건조화용
- 햇빛 / 충분한 햇빛
- 온도 / 5℃ 월동, 16~30℃ 생육
- 관수 / 보통 관수
- 배양토 / 노지 재배. 밭흙, 부엽, 모래는 4:4:2
- 번식 / 실생

▲ 도라지(*Platycodon grandiflorum*)

▲ 겹꽃도라지('Violaceum')

▲ 분홍줄무늬도라지
('Perlmutterschale')

초롱꽃과

- 원산지 / 한국, 중국, 일본
- 생활형 / 숙근성 다년초
- 개화기 / 7~8월
- 용도 / 화단용, 절화용
- 햇빛 / 충분한 햇빛
- 온도 / 노지 월동, 16~30℃ 생육
- 관수 / 보통 관수
- 배양토 / 비옥한 사양토. 밭흙, 부엽, 모래는 5:3:2
- 번식 / 실생

도라지

학명 : *Platycodon grandiflorum* A. DC.
영명 : Balloonflower

높이 60~80cm. 뿌리는 굵다. 잎은 호생, 길이 4~7cm, 너비 1.5~4cm로 난상 피침형이며, 잔 톱니가 있다. 꽃은 줄기 끝에 여러 개의 꽃이 푸른 보라색 또는 현색으로 핀다. 꽃은 종 모양의 통꽃이며, 끝은 다섯 갈래로 갈라진다. 지름은 4~5cm, 씨방은 5실이다. 열매는 삭과로, 많은 종자가 들어 있다. 원예 품종으로 홑꽃, 겹꽃이 있으며, 분홍색 꽃도 있다.

1	2	3	4	5	6	7	8	9	10	11	12

▲ 독일붓꽃

▲ 보라색 꽃

독일붓꽃 (저먼 아이리스)

학명 : *Iris hybrida* L.
영명 : German Iris

　높이 40~80cm. 잎은 납작한 검형으로 곧게 자란다. 꽃대는 잎겨드랑이에서 자라며, 흰색, 보라색, 자주색, 노란색, 오렌지색 등의 꽃이 핀다. 꽃잎은 넓고 파상이며, 6개가 있다. 이들 중 바깥쪽 꽃잎 3개는 뒤로 늘어지고, 안쪽 꽃잎은 위를 향한다. 독일붓꽃(*Iris germanica*)의 교배종으로 육성한 원예 품종으로, 많은 품종이 있다.

붓꽃과

- 원산지 / 에스파냐, 러시아, 카프카스 북부
- 생활형 / 숙근성 다년초
- 개화기 / 5~6월
- 용도 / 화단용
- 햇빛 / 충분한 햇빛
- 온도 / 노지 월동, 16~30℃ 생육
- 관수 / 내건성, 보통 관수
- 배양토 / 배수가 잘 되는 토양
- 번식 / 분구 번식

1	2	3	4	5	6	7	8	9	10	11	12

▲ 독일은방울꽃

백합과

- 원산지 / 유럽, 온대 아시아
- 생활형 / 숙근성 다년초
- 개화기 / 5~6월
- 용도 / 화단용, 절화용, 분식용
- 햇빛 / 충분한 햇빛(3~5월), 반그늘(6~9월)
- 온도 / 노지 월동, 16~30℃ 생육
- 관수 / 내건성, 보통 관수
- 배양토 / 배수 요함. 부식질이 많은 점질토나 사양토
- 번식 / 분주

독일은방울꽃

학명 : *Convallaria majalis* L.
영명 : Lily of the Valley, May Lily

높이 10~25cm. 잎은 2~3개, 넓은 타원형에 끝은 뾰족하고, 진녹색으로 약간 광택이 난다. 꽃은 꽃대가 잎 사이에서 기부로부터 잎보다 높게 자라며, 끝 부분에서 총상화서로 편측형으로 핀다. 꽃 색깔은 흰색으로, 향기가 난다. 꽃의 지름은 1cm 내외이며, 종 모양의 작은 흰색 꽃이 핀다. 열매는 액과로, 붉은색으로 익는다. 원예 품종으로는 무늬종이 있으며, 분홍색 꽃도 있고 겹꽃도 있다.

1	2	3	4	5	6	7	8	9	10	11	12

▲ 여러 가지 색깔의 동계성 베고니아 꽃들

동계성 베고니아

학명 : *Begonia* × *hiemalis* Fotsch
    (*B.* × *elatior* Hort.)
영명 : Winter Flowering Begonia

● 원산지 / 원예 교배종
● 생활형 / 상록 다년초
● 개화기 / 11~4월
● 용도 / 관화용, 공중걸이용, 분화용
● 햇빛 / 반광, 미풍 환기 요함
● 온도 / 10℃ 월동, 15~23℃ 생육, 고온에 약함
● 관수 / 충분한 관수, 약간 다습
● 배양토 / 밭흙, 부엽, 모래는 4:4:2
● 번식 / 엽삽, 분구

    높이 30~50cm. 잎은 녹색으로 광택이 난다. 땅속에는 덩이줄기가 있으며, 꽃의 지름은 5~10cm로 홑꽃, 반겹꽃, 겹꽃으로 핀다. 꽃 색깔은 다양하며, 꽃 모양도 다양하다. *B. socotrana*와 *B. tuberhybrida* 'Viscountesse Doneraille'을 교배 육성한 원예 품종이다. 후에 계속 역교잡을 통해 오늘날의 원예 품종을 육성하여 관상한다. 단일성 식물로, 9시간 단일 처리를 하면 개화한다.

1	2	3	4	5	6	7	8	9	10	11	12

▲ 동의나물

미나리아재비과

- 원산지 / 한국, 일본, 중국, 시베리아, 내몽고
- 생활형 / 숙근성 다년초
- 개화기 / 4~5월
- 용도 / 화단용, 수재 화단용
- 햇빛 / 충분한 햇빛
- 온도 / 노지 월동, 16~25℃ 생육
- 관수 / 충분한 관수, 습지 자생
- 배양토 / 배수가 잘 되고 부식질이 많은 사양토
- 번식 / 실생, 분주

동의나물

학명 : *Caltha palustris* L. var. *membranacea* Turcz.
영명 : Meadow Bright

　높이 50~60cm. 근경성 식물이다. 뿌리는 흰 뿌리가 내리며, 잎은 뿌리줄기에서 여러 대가 나와 총생한다. 잎에는 긴 잎자루가 있고, 둥근 심장형이며, 길이 5~10cm, 잎 가장자리에는 둔한 톱니가 있다. 줄기에서 자라는 잎은 잎자루가 거의 없다. 꽃은 줄기 끝에 1~2개가 피며, 꽃받침은 5개, 꽃잎 모양으로 노란색이 난다. 암술과 수술은 많고, 열매는 골돌이다.

1	2	3	4	5	6	7	8	9	10	11	12

▲ 동자꽃

동자꽃

학명 : *Lychnis cognata* Maxim.
영명 : Lychnis

높이 1m 정도. 곧게 자란다. 줄기와 잎에는 잔털이 밀생한다. 잎은 대생, 긴 난형으로, 잎 끝은 뾰족하며, 잎자루는 없다. 꽃은 줄기 끝과 잎겨드랑이에서 꽃자루가 자라 1개의 꽃이 핀다. 꽃의 지름은 4cm 정도이며, 꽃받침은 긴 곤봉 모양으로 끝이 다섯 갈래로 갈라진다. 꽃잎은 주홍색, 5개이고, 수평으로 활짝 피며, 각 꽃잎 끝은 오목하게 들어가 있다. 수술은 10개, 열매는 삭과로 달린다.

1	2	3	4	5	6	7	8	9	10	11	12

석죽과

- 원산지 / 한국, 중국 동북 지방, 우수리
- 생활형 / 숙근성 다년초
- 개화기 / 6~7월
- 용도 / 화단용, 분화용, 절화용
- 햇빛 / 충분한 햇빛
- 온도 / 노지 월동, 16~30℃ 생육
- 관수 / 충분한 관수
- 배양토 / 배수가 잘 되고 부식질이 많은 사양토
- 번식 / 실생, 삽목

▲ 둥근잎삼색나팔꽃

메꽃과

- 원산지 / 열대 남아메리카, 멕시코, 중앙 아메리카
- 생활형 / 덩굴성 다년초, 1년초(한국)
- 개화기 / 8~10월
- 용도 / 철책 울타리용, 창문 화단용
- 햇빛 / 충분한 햇빛
- 온도 / 종자 월동, 16~30℃ 생육
- 관수 / 보통 관수
- 배양토 / 노지 재배
- 번식 / 실생

둥근잎삼색나팔꽃

학명 : *Ipomoea tricolor* Cav.
영명 : Blue Morning Glory

덩굴줄기 길이 5~4m. 줄기와 잎에는 털이 없다. 잎은 난형, 기부는 심장형이고, 끝은 뾰족하다. 꽃은 잎겨드랑이에서 잎자루보다 긴 꽃자루가 취산화서로 자라며, 많은 꽃이 순차적으로 핀다. 꽃은 나팔 모양이며, 지름은 5~6cm이다. 꽃 색깔은 푸른색 또는 보라색이며, 안쪽 중심부는 노란색이 난다. 열매는 삭과로 2실이며, 4개의 검은색 종자가 들어 있다. 많은 원예 품종이 있으며, 관상용으로 많이 재배되고 있다.

1	2	3	4	5	6	7	8	9	10	11	12

▲ 둥근잎유홍초

둥근잎유홍초

학명 : *Ipomoea coccinea* L.
      (*Quamoclit coccinea* (L.) Moench)
영명 : Red Morning Glory, Star Ipomea

메꽃과

- 원산지 / 열대 아메리카
- 생활형 / 춘파 1년초
- 개화기 / 7~9월
- 용도 / 화단용, 트렐리스용
- 햇빛 / 충분한 햇빛
- 온도 / 16~30℃ 생육
- 관수 / 보통 관수
- 배양토 / 밭흙, 부엽, 모래
  는 5:3:2, 노지 재배
- 번식 / 실생

    줄기 길이 4~5m. 생장력이 강하고, 다른 물체를 감고 자란다. 잎은 호생, 잎자루가 길고 심장형이며, 기부는 심장형이고, 끝은 뾰족하다. 꽃은 잎겨드랑이에서 긴 꽃자루가 나와 3~5개의 꽃이 핀다. 꽃받침은 5개로 갈라져 있고, 꽃통은 가늘고 길며, 나팔 모양의 지름은 1cm 정도 된다. 수술은 5개, 암술은 1개이다. 열매는 삭과로 편구형이다.

| 1 | 2 | 3 | 4 | 5 | 6 | 7 | 8 | 9 | 10 | 11 | 12 |

▲ 디기탈리스

현삼과

- ●원산지 / 서부·남부 유럽
- ●생활형 / 숙근성 다년초
- ●개화기 / 5~6월
- ●용도 / 화단용, 약용
- ●햇빛 / 충분한 햇빛
- ●온도 / 1℃ 이상 월동, 15~ 25℃ 생육
- ●관수 / 보통 관수
- ●배양토 / 밭흙, 부엽, 모래 는 5:3:2, 배수 요함, 부 식질이 많은 사양토
- ●번식 / 실생, 분주

디기탈리스

학명 : *Digitalis purpurea* L.
영명 : Common Foxglove

　높이 60~130cm, 포기 너비 60cm 정도. 줄기는 곧게 자란다. 근생엽은 잎자루가 길고, 경엽은 호생, 잎자루가 있거나 없다. 잎의 길이는 10~25cm, 진녹색 이 나고, 흰색 털이 밀생한다. 꽃은 수상화서로 흰 색, 분홍색 꽃 등이 비스듬히 아래를 향하여 피며, 붉은 갈색의 점무늬가 산재해 있다. 꽃은 통꽃으로 긴 종 모양이다 꽃의 길이는 6cm 정도이다.

1	2	3	4	5	6	7	8	9	10	11	12

▲ 디스키디아 펙테노이데스

디스키디아 펙테노이데스

학명 : *Dischidia pectenoides* H. Pearson
영명 : Kangaroo Pocket

잎은 대생, 잎자루는 짧고, 난형 내지는 타원형으로 작으며, 다육질, 끝은 뾰족하다. 줄기 군데군데에서 조개 모양의 물주머니를 형성한다. 길이 5cm, 너비 4cm 정도로 이채롭다. 주머니 내부에서 뿌리를 내려 영양분을 흡수한다. 꽃은 잎겨드랑이에서 산형화서로 액생하며, 붉은색으로 핀다. 꽃받침과 꽃잎은 5갈래로 갈라진다. 열매는 잘 결실한다.

박주가리과

- 원산지 / 필리핀의 마닐라
- 생활형 / 덩굴성 착생 식물
- 개화기 / 5~6월
- 용도 / 분화용, 착생용, 화훼 장식용
- 햇빛 / 반광(여름), 햇빛(겨울)
- 온도 / 15℃ 월동, 16~30℃ 생육
- 관수 / 보통 관수
- 배양토 / 수태, 헤고 착생 재배
- 번식 / 취목

| 1 | 2 | 3 | 4 | 5 | 6 | 7 | 8 | 9 | 10 | 11 | 12 |

▲ 디아스키아 아이스 크래커(*Diascia* 'Ice Cracker')

현삼과

- 원산지 / 남아프리카
- 생활형 / 다년초
- 개화기 / 5~9월
- 용도 / 정원용, 분화용
- 햇빛 / 충분한 햇빛
- 온도 / −10℃ 월동, 16~ 30℃ 생육
- 관수 / 보통 관수
- 배양토 / 배수 요함. 밭흙, 부엽, 모래는 4:4:2
- 번식 / 분주

디아스키아 아이스 크래커

학명 : *Diascia* 'Ice Cracker'
영명 : Twinspur

높이 30cm 정도. 줄기는 가늘고 녹색이 나며, 곧게 또는 비스듬히 자란다. 잎은 대생, 선형으로 작다. 꽃은 총상화서로 분홍색 또는 붉은색으로 피며, 흰색 꽃이 피는 품종도 있다. 꽃받침은 5갈래로 갈라지며, 끝잎은 2순형이다. 윗입술은 2개로 갈라지는데 작고, 아랫입술은 3갈래로 갈라지는데, 가운데 것은 크고 양 옆의 것은 작다. 아랫입술에는 2개의 거가 있다.

1	2	3	4	5	6	7	8	9	10	11	12

▲ 라구루스 오바투스

라구루스 오바투스

학명 : *Lagurus ovatus* L.
영명 : Hair's Tail Grass

●원산지 / 지중해 연안
●생활형 / 1년초
●개화기 / 5~6월
●용도 / 절화용, 건조화용,
컨테이너 가든용, 정원용
●햇빛 / 햇빛 또는 반광
●온도 / 16~30℃ 생육
●관수 / 충분한 관수, 적습지
●배양토 / 노지 재배, 사양토,
밭흙, 부엽, 모래는 5:3:2
●번식 / 실생

　높이 15~50cm, 포기 너비 30cm 정도, 총생한다. 잎은 아치형, 선형 내지는 좁은 피침형으로 납작하며, 연녹색이 난다. 잎의 길이는 20m 정도, 끝은 뾰족하다. 꽃은 수상 원추화서로 난형 또는 긴 타원상 원통형이며, 화서의 길이는 4~6cm이다. 꽃 색깔은 녹색을 띤 소수가 있고, 부드러운 흰색 털이 있어서 전체가 흰색으로 보이며, 성숙하면 크림색을 띤 연황갈색이 된다.

1	2	3	4	5	6	7	8	9	10	11	12

▲ 라넌큘러스

미나리아재비과

- 원산지 / 유럽 남동부, 아시아 서남부
- 생활형 / 숙근성 구근 다년초
- 개화기 / 4~5월
- 용도 / 화단용, 분화용
- 햇빛 / 충분한 햇빛
- 온도 / 5℃ 월동, 5~20℃ 생육
- 관수 / 충분한 관수
- 태양토 / 밭흙, 부엽, 모래는 5:3:2, 배수 요함
- 번식 / 실생, 분구

라넌큘러스

학명 : *Ranunculus asiaticus* L.
영명 : Persian Buttercup

　높이 20~45cm, 포기 너비 20cm 정도. 잎은 긴 잎자루가 있고, 넓은 난형 또는 원형이며, 세 갈래로 두 번 갈라진다. 꽃은 줄기 끝에 1~4개의 꽃이 핀다. 지름은 6~9cm로 꽃대는 길다. 꽃은 노란색으로 꽃잎이 5개이나 겹꽃종이 대부분이다. 원예 품종으로는 겹꽃종이 대부분으로, 붉은색 또는 분홍색, 흰색, 노란색, 연황석, 오렌지색 등의 꽃이 핀다.

1	2	3	4	5	6	7	8	9	10	11	12

▲ 라뮴 마쿨라툼 핑크 샤빌리(*Lamium maculatum* 'Pink Chablis')

라뮴 마쿨라툼

학명 : *Lamium maculatum* L.
영명 : Spotted Dead Nettle

줄기 높이 20~50cm. 줄기는 곧게 자라다가 비스듬히 자란다. 잎은 대생, 잎자루가 있다. 잎은 심장상 난형으로 연녹색이고, 끝은 뾰족하다. 잎의 길이는 2.5~5cm로 톱니가 있다. 꽃은 윤산화서로 가지 끝에서 분홍색 또는 자홍색, 흰색으로 핀다. 꽃의 길이는 2.5cm 정도로, 꽃통은 구부러져 있다. 윗입술은 크고 아랫입술은 작으며, 꽃밥에는 털이 있다. 원예 품종으로는 여러 가지 모양의 무늬종이 있다.

꿀풀과

- 원산지 / 유럽, 서아시아, 북아프리카
- 생활형 / 상록 다년초
- 개화기 / 4~6월
- 용도 / 화단용, 분화용, 지피 식물용, 공중걸이용
- 햇빛 / 반광, 반그늘
- 온도 / 5℃ 월동, 10~23℃ 생육
- 관수 / 충분한 관수
- 배양토 / 밭흙, 부엽, 모래는 5:3:2, 배수 요함
- 번식 / 삽목, 분주

1	2	3	4	5	6	7	8	9	10	11	12

▲ 라벤더 시계초(*Passiflora* 'Lavender Lady')

시계초과

- 원산지 / 원예 교배종
- 생활형 / 숙근성 덩굴 다년초
- 개화기 / 7~9월
- 용도 / 온실 노지용, 분화용, 트렐리스용
- 햇빛 / 충분한 햇빛
- 온도 / -17℃ 월동, 16~30℃ 생육
- 관수 / 보통 관수
- 배양토 / 노지 재배, 배수 요함. 밭흙, 부엽, 모래는 5:3:2
- 번식 / 삽목, 취목, 분주

라벤더 시계초

학명 : *Passiflora* 'Lavender Lady'
영명 : Lavender Lady Passionflower

줄기 길이 3~5m. 잎은 호생, 긴 잎자루가 있으며, 3~5개의 장상엽을 가지고 있다. 잎의 길이는 7~10cm, 덩굴손이 있다. 꽃은 잎겨드랑이에서 꽃자루가 자라며, 지름 7~10cm 크기의 꽃이 핀다. 꽃 색깔은 5개의 꽃잎이 연보라색이 나고, 부화관의 사상체는 청보라색이 나며, 중간에는 흰색 테가 있다. 중심부는 연보라색이 나고, 수술 5개가 수평으로 퍼지며 녹색이 난다. 암술은 악보라색이 나고, 세 갈래로 갈라지며, 끝에는 암술머리가 있다.

1	2	3	4	5	6	7	8	9	10	11	12

▲ 라플레시아

라플레시아

학명 : *Rafflesia* spp.
영명 : Giant Rafflesia

　꽃은 지름이 1~1.8m로 크게 핀다. 꽃 색깔은 붉은 갈색 또는 붉은 자주색이 나는 갈색이며, 흰색 또는 연한 색의 점무늬가 산재한다. 꽃은 꽃받침이 꽃처럼 피며, 육질로 끝은 5갈래로 갈라진다. 꽃에는 양성화와 단성화가 있으며, 무게는 11kg 정도 된다. 열매는 장과로, 단단한 작은 종자가 들어 있다. 고약한 냄새를 풍겨 벌레를 유인, 수분시킨다. 희귀 식물로, 15종이 열대에 자생한다. 육질의 기생 식물로는 쌍자엽 식물이지만 잎과 줄기, 뿌리가 없다.

라플레시아과

● 원산지 / 수마트라, 자바, 필리핀, 말레이시아
● 생활형 / 기생 식물
● 개화기 / 고온기(5~7월)
● 용도 / 교육용 관화 식물
● 햇빛 / 반그늘
● 온도 / 10℃ 월동, 16~35℃ 생육
● 관수 / 충분한 관수, 고온 다습 요함
● 배양토 / *Cissus*속 뿌리, 줄기에 기생
● 번식 / 종자

1	2	3	4	5	6	7	8	9	10	11	12

▲ 러셀리아 플라밍고 파크

현삼과

- 원산지 / 멕시코 원산종의 원예 품종
- 생활형 / 낙엽 반관목
- 개화기 / 6~9월(한국), 연중 개화(고온시)
- 용도 / 분화용, 공중걸이용, 화단용
- 햇빛 / 보통 햇빛, 반광
- 온도 / 0℃ 월동, 16~30℃ 생육
- 관수 / 보통 관수
- 배양토 / 배수 요함, 비옥토, 밭흙, 부엽, 모래는 4:4:2
- 번식 / 삽목, 취목, 분주

러셀리아 플라밍고 파크

학명 : *Russelia equisetiformis* Schlechtend
영명 : Pink Coral Plant

높이 1~1.5m, 포기 너비 1.5m 정도. 줄기는 사각으로 길게 자라며, 분지하여 늘어진다. 잎은 비늘 조각 모양으로 타원형 나지는 피침형이며, 길이는 1.5cm로 일찍 덜어진다. 꽃은 취산화서로 가지 끝에 1~3개의 꽃이 늘어져 핀다. 길이는 2.5~3cm로 통꽃이며, 주홍색이 난다.

1	2	3	4	5	6	7	8	9	10	11	12

▲ 레몬 매리골드

레몬 매리골드

학명 : *Tagetes lemmonii* L.
영명 : Lemon Marigold, Copper Canyon Daisy

국화과

높이와 포기 너비가 90~180cm. 잎은 기수 우상 복엽으로 소엽은 잘게 갈라지며, 톱니가 있다. 꽃은 줄기나 가지 끝 부분에서 지름 2.5~3cm 되는 두상화가 핀다. 설상화는 진황색, 화심은 오렌지색이 난다. 뿌리에서 나오는 분비액은 네마토다와 민달팽이들로 하여금 기피하게 하는 효능이 있어, 화단이나 밭작물과 함께 식재하여 피해를 줄일 수 있다. 잎에서 나는 냄새가 박하와 레몬향이다.

- 원산지 / 미상
- 생활형 / 다년초(열대), 1년초(한국)
- 개화기 / 7~10월
- 용도 / 노지 화단용, 허브용
- 햇빛 / 충분한 햇빛
- 온도 / 5℃ 월동, 16~35℃ 생육
- 관수 / 보통 관수, 배수 요함
- 배양토 / 비옥한 사양토. 밭흙, 부엽, 모래는 5:3:2
- 번식 / 실생

1	2	3	4	5	6	7	8	9	10	11	12

▲ 레몬 베르가못

꿀풀과

- 원산지 / 멕시코, 미국의 텍사스 주, 플로리다 주
- 생활형 / 춘파 1년초
- 개화기 / 6~9월
- 용도 / 화단용, 허브용, 차용, 포푸리용
- 햇빛 / 충분한 햇빛
- 온도 / 15~30℃ 생육
- 관수 / 보통 관수
- 배양토 / 노지 재배, 배수 요함. 밭흙, 부엽, 모래는 5:3:2
- 번식 / 실생

레몬 베르가못 (레몬 민트)

학명 : *Monarda citriodora* Cerv. ex Lag.
영명 : Lemon Bergamot, Lemon Mint

　높이 50~100cm. 줄기는 곧게 자라며, 흰색의 짧은 털이 밀생한다. 잎은 긴 타원형 또는 선형으로 레몬향이 난다. 꽃은 줄기 윗부분의 마디에서 윤산화서로 층층이 연분홍색 꽃이 핀다. 생장이 왕성하며, 아직까지는 허브 식물로만 알려져 있는 식물이지만 화단용으로도 좋은 식물이다.

1	2	3	4	5	6	7	8	9	10	11	12

▲ 레위시아 코티레돈

레위시아 코티레돈

학명 : *Lewisia cotyledon* (S. Wats.) B. L. Robinson

쇠비름과

  높이 30cm, 포기 너비 25cm 정도. 잎은 로제트 상으로 퍼져 자라며, 설상형 또는 도란형이고, 연녹색 내지는 진녹색이 난다. 길이는 3~14cm로 광택이 나고, 붉은색을 띠기도 한다. 꽃은 잎겨드랑이에서 10cm 정도 되는 꽃대가 자라 끝에서 산형으로 갈라지고, 갈라진 끝에서 자분홍색 꽃이 원추화서로 핀다. 꽃의 지름은 2.5~3cm이다. 꽃잎은 약간 긴 도란형으로, 자분홍색 가장자리에 아이보리색 또는 흰색, 노란색의 테무늬가 있다.

- ●원산지 / 미국의 캘리포니아 서부~오리건 주 남부
- ●생활형 / 상록 다년초
- ●개화기 / 5~6월
- ●용도 / 분화용
- ●햇빛 / 충분한 햇빛
- ●온도 / 5℃ 월동, 16~25℃ 생육
- ●관수 / 충분한 관수
- ●배양토 / 마사토, 부엽은 7:3. 밭흙, 부엽, 모래는 5:3:2
- ●번식 / 실생

1	2	3	4	5	6	7	8	9	10	11	12

▲ 로도히포키시스

수선화과

- 원산지 / 남아프리카
- 생활형 / 구근성 다년초
- 개화기 / 4~6월, 10~1월 (원산지)
- 용도 / 소품 분화용, 록 가든용, 화단용
- 햇빛 / 반광
- 온도 / 5℃ 월동, 고온에 약함, 10~21℃ 생육
- 관수 / 보통 관수
- 배양토 / 배수 요함, 사양토, 밭흙, 부엽, 모래는 5:3:2
- 번식 / 분구

로도히포키시스

학명 : *Rhodohypoxis baurii* Nel.
영명 : Rhodohypoxis

높이 10~15cm, 구경 지름 1~1.5cm. 잎은 근출엽으로 자란다. 잎은 길이 5~10cm, 선상으로 끝이 뾰족하며, 양 면과 잎 가장자리에는 흰색 털이 밀생한다. 꽃은 길이 5~10cm 되는 꽃대가 자라 끝에서 분홍색 또는 붉은색, 흰색 꽃이 피고, 꽃의 지름은 1.5~2cm이다. 꽃잎은 6개로, 내판이 3개, 외판이 3개이며, 외판이 내판보다 더 크다.

| 1 | 2 | 3 | 4 | 5 | 6 | 7 | 8 | 9 | 10 | 11 | 12 |

▲ 로벨리아 에리누스 바바리아(*Lobelia erinus* 'Bavaria')

로벨리아

학명 : *Lobelia erinus* L.
영명 : Edging Lobelia

높이 10~30cm. 줄기는 곧게 자라며, 분지하여 포복성으로 넓게 퍼진다. 잎은 호생, 기부의 잎은 도란상 피침형이다. 길이는 2cm로, 꽃 기부에는 흰색 또는 연녹색의 무늬가 들어 있다. 꽃의 지름은 1.3~1.8cm로 다화성이다. 꽃 색깔은 푸른색, 흰색, 진홍색, 자분홍색 등 다양하다. 꽃의 모양은 5개의 꽃잎 중 위쪽 2개는 작고, 아래쪽 3개는 크다. 많은 원예 품종이 있다.

1	2	3	4	5	6	7	8	9	10	11	12

로벨리아과

- 원산지 / 남아프리카
- 생활형 / 1, 2년초
- 개화기 / 5~6월
- 용도 / 봄 화단용, 분화용, 컨테이너 장식용
- 햇빛 / 충분한 햇빛(개화기)
- 온도 / 5℃ 월동, 10~23℃ 생육
- 관수 / 보통 관수, 건조에 약함.
- 배양토 / 배수 요함. 부식질이 많은 사양토
- 번식 / 실생, 삽목

▲ 열매　　　　　　　　　　▲ 루나리아

십자화과

- 원산지 / 유럽 남부
- 생활형 / 1, 2년초
- 개화기 / 4~5월
- 용도 / 화단용, 절화용, 장식용, 건화용
- 햇빛 / 충분한 햇빛
- 온도 / 노지 월동, 10~20℃ 생육
- 관수 / 보통 관수
- 배양토 / 배수 요함. 부식질이 많은 사양토
- 번식 / 실생, 분주

루나리아

학명 : *Lunaria annua* L.
영명 : Money Plant, Silver Dollar

　높이 30~90cm. 줄기는 곧게 자라며, 윗부분에서 분지한다. 잎과 줄기 에는 조밀하게 털이 나 있으며, 잎은 난상 심장형 드는 타원형으로 너비가 넓고, 불규칙한 치아상의 톱니가 있다. 잎 끝은 뾰족하고, 윗부분에 있는 잎은 잎자루가 없으며, 아랫부분의 잎은 대생한다. 꽃은 분지된 가지 끝에 총상화서로 흰색과 보라색으로 피며, 향기가 난다. 꽃의 지름은 2~2.5cm로, 열매는 납작한 원형이다.

1	2	3	4	5	6	7	8	9	10	11	12

▲ 루엘리아 데보지아나

루엘리아 데보지아나

학명 : *Ruelia devosiana* Makoy ex E. Morr.
영명 : Trailing Velvet Plant

　높이 15cm, 포기 너비 45cm 정도. 줄기는 자갈색으로 대생한다. 잎은 긴 타원형~긴 난형으로 진녹색이 나며, 끝은 뾰족하다. 주맥과 지맥은 녹백색이거나 크림색이 난다. 잎의 길이는 8cm로 뒷면은 붉은 자색이 난다. 꽃은 잎겨드랑이에서 연보라색을 띤 흰색 꽃이 나팔 모양으로 1개씩 피며, 끝은 다섯 갈래로 갈라진다. 꽃통의 길이는 4~5cm로, 안쪽에는 진보라색의 세로줄 무늬가 있다.

● 원산지 / 브라질
● 생활형 / 온실 상록 다년초
● 개화기 / 4~6월
● 용도 / 소형 분화용
● 햇빛 / 반광
● 온도 / 5~8℃ 월동, 13~25℃ 생육
● 관수 / 충분한 관수, 다습
● 배양토 / 밭흙, 부엽, 모래는 4:4:2
● 번식 / 실생, 삽목, 분주

1	2	3	4	5	6	7	8	9	10	11	12

▲ 루피너스 폴리필루스

▲ 루피너스 러셀(*Lupinus* 'Russell')

콩과

- ●원산지 / 미국의 캘리포니아~브리티시컬럼비아
- ●생활형 / 추파 2년초, 다년초(원산지)
- ●개화기 / 5~6월
- ●용도 / 화단용, 분화용
- ●햇빛 / 충분한 햇빛
- ●온도 / 10~23℃ 생육
- ●관수 / 충분한 관수
- ●배양토 / 비옥한 사양토. 밭흙, 부엽, 모래는 5:3:2
- ●번식 / 실생

루피너스 폴리필루스

학명 : *Lupinus polyphyllus* Lindl.
영명 : Washinton Lupine

높이 1~1.5m. 잎은 9~18개의 소엽이 장상엽으로 있다. 갈라진 소엽은 피침형 또는 도피침형으로, 끝은 뾰족하다. 줄기와 잎에는 잔털이 밀생한다. 꽃은 꽃대 길이가 15~60cm로, 꽃이 총상화서로 보라색, 붉은색, 느란색, 흰색 등으로 핀다. 원예 품종으로는 여러 가지 색이 있으며, 두 가지 색의 꽃이 피는 루피너스 러셀(*Lupinus polyphyllus* Lindl. 'Russell') 계가 있다.

1	2	3	4	5	6	7	8	9	10	11	12

▲ 리모늄 페레지

리모늄 페레지

학명 : *Limonium perezii* F. T. Hubb.
(*Statice perezii* Stapf)

높이 30~90cm. 잎은 긴 잎자루가 있으며, 길이는 20~30cm로 삼각상의 넓적한 넓은 난형이다. 잎 색깔은 회록색으로, 광택이 나고 파상이다. 꽃은 꽃대가 지면의 잎 사이에서 여러 개가 자라며, 30~60cm로 곧게 자라 윗부분에서 꽃대가 분지하여 원추화서로 많은 꽃이 핀다. 꽃받침은 나팔 모양으로 청자색이 나며, 부드러운 털이 있다. 꽃은 흰색으로 핀다.

갯질경이과

- 원산지 / 카나리아 제도
- 생활형 / 상록 다년초
- 개화기 / 6~9월
- 용도 / 화단용, 절화용
- 햇빛 / 충분한 햇빛
- 온도 / 0℃ 이상 월동, 10~21℃ 생육
- 관수 / 충분한 관수
- 배양토 / 비옥한 사양토. 밭흙, 부엽, 모래는 5:3:2
- 번식 / 실생, 아삽

| 1 | 2 | 3 | 4 | 5 | 6 | 7 | 8 | 9 | 10 | 11 | 12 |

▲ 리빙스턴 데이지

석류풀과

- ●원산지 / 남아프리카의 케이프타운
- ●생활형 / 다육질의 1년초
- ●개화기 / 3~6월(추파), 6~7월(춘파)
- ●용도 / 지피 식물(LA), 화단용, 분화용
- ●햇빛 / 충분한 햇빛
- ●온도 / 5℃ 월동, 16~30℃ 생육
- ●관수 / 충분한 관수, 내건성
- ●배양토 / 배수 요함, 사양토, 밭흙, 부엽, 모래는 5:3:2
- ●번식 / 실생

리빙스턴 데이지

학명 : *Doretheanthus bellidiformis* (Burm. f.) N. E. Br.

영명 : Livingstone Daisy

높이 15cm 정도. 줄기와 잎은 다육질로 지면에 붙어 자란다. 잎은 주걱형, 길이 5~6cm, 앞면은 녹색이 나며, 줄기와 잎 뒷면에는 암적색의 투명한 광채가 나는 결정체의 우툴두툴한 돌기가 있다. 꽃은 지름이 4~5cm, 꽃잎은 선형이고 방사형으로 햇살 모양, 오후에 핀다. 꽃 색깔은 연분홍색, 진홍색, 흰색, 연황색 등 다양하거, 중앙의 꽃술은 진한 적갈색이 난다.

1	2	3	4	5	6	7	8	9	10	11	12

▲ 리시마키아 누물라리아

리시마키아 누물라리아

학명 : *Lysimachia nummularia* L.
영명 : Creeping Charlie, Creeping Jennie, Moneywort

줄기 40~60cm. 줄기는 가늘고 모가 져 있으며, 잎자루는 짧고, 대생한다. 잎은 넓은 난형 또는 원형으로, 둔한 톱니가 있다. 잎의 길이는 2~2.5cm로, 기부는 심장형이다. 꽃잎은 난원형이며, 밝은 노란색으로 핀다. 고온에 약하다. 원예 품종으로는 잎 색깔이 노란색인 노란잎 리시마키아(*Lysimachia nummularia* L. 'Aurea')가 있다.

1	2	3	4	5	6	7	8	9	10	11	12

앵초과

- 원산지 / 중부 유럽, 영국
- 생활형 / 덩굴성 숙근 다년초
- 개화기 / 6~8월
- 용도 / 지피 식물용, 공중 걸이용
- 햇빛 / 충분한 햇빛
- 온도 / 노지 월동, 10~25℃ 생육
- 관수 / 보통 관수
- 배양토 / 밭흙, 부엽, 모래는 5:3:2, 화단 재배
- 번식 / 실생, 분주, 삽목

▲ 리아트리스

▲ 리아트리스 스피카타 플로리스탄 바이스
(*Liatris spicata* Floristan Weiß')

국화과

- 원산지 / 미국의 동부와 서부
- 생활형 / 숙근성 다년초
- 개화기 / 7~9월
- 용도 / 화단용, 절화용
- 햇빛 / 충분한 햇빛
- 온도 / 노지 월동, 16~25℃ 생육
- 관수 / 보통 관수
- 배양토 / 밭흙, 부엽, 모래는 5:3:2, 화단 재배
- 번식 / 실생, 분주

리아트리스

학명 : *Liatris spicata* (L.) Willd.
영명 : Blazing Star, Gayfeather

줄기 1.5m, 포기 너비 45cm 정도. 군생하며 자란다. 경엽은 호생, 근생엽은 길이 30~40cm로 선형 또는 피침형이며, 끝은 뾰족하고 털은 없다. 잎은 녹색, 잎자루는 없다. 꽃은 두상화로 줄기 끝에서 긴 원통형의 수상화서로 핀다. 꽃 색깔은 자분홍색 또는 흰색이다. 주로 화단용 또는 절화용으로 많이 이용된다.

1	2	3	4	5	6	7	8	9	10	11	12

▲ 마거리트

마거리트

학명 : *Chrysanthemum frutescens* (L.) Schultz-Bip.
〔*Argyranthemum frutescens* (L.) Schultz-Bip.〕
영명 : Marguerite, Paris Daisy, White Marguerite

국화과

- 원산지 / 카나리아 제도
- 생활형 / 숙근성 다년초(원산지), 추파 1년초(한국)
- 개화기 / 3~5월
- 용도 / 절화용, 봄 화단용, 분화용
- 햇빛 / 충분한 햇빛
- 온도 / 0℃ 이상 월동, 10~21℃ 생육
- 관수 / 보통 관수
- 배양토 / 노지 재배, 배수 요함. 밭흙, 부엽, 모래는 5:3:2
- 번식 / 실생, 분주, 삽목

줄기는 60~100cm로 곧게 자란다. 줄기는 기부가 목질화되어 있다. 잎은 호생하며, 쑥갓 모양, 새의 깃 모양으로 갈라져 있다. 꽃은 두상화로 잎겨드랑이에서 1개씩 핀다. 두상화의 지름은 5~6cm, 설상화는 흰색이고 중심부의 화심은 반원형으로 노란색이 난다. 원예 품종으로는 꽃 색깔이 노란색, 오렌지색, 분홍색, 붉은색이며, 홑꽃과 겹꽃이 있다. 한국에서는 높이 30cm 정도 자란다.

1	2	3	4	5	6	7	8	9	10	11	12

▲ 마리케 시계초

시계초과

- 원산지 / 원예 교배종
- 생활형 / 덩굴성 상록 다년초
- 개화기 / 6~9월
- 용도 / 분화용, 절화용, 창문 화단용, 트렐리스용
- 햇빛 / 충분한 햇빛
- 온도 / 5℃ 월동, 16~30℃ 생육
- 관수 / 보통 관수
- 배양토 / 밭흙, 부엽, 모래는 4:4:2
- 번식 / 삽목, 취목

마리케 시계초

학명 : *Passiflora* Marijke
영명 : Purple Passionflower

높이 4~6m. 줄기는 사각이 지고 골이 져 있다. 잎은 호생, 길이 10cm로, 세 갈래로 갈라진 장상엽이다. 꽃은 잎겨드랑이에서 꽃자루가 자라며, 지름 7~10cm 되는 꽃이 핀다. 꽃잎은 10개, 꽃 색깔은 자주색이며, 가장자리에는 녹색 테가 있다. 부화관은 사상체로 진청보라색이 나며, 기부 쪽으로 중간에는 흰색의 무늬가 가로로 3개가 있고, 기부 쪽으로는 암자색이 난다. 암술은 세 갈래로 갈라지며, 수술은 5개, 꽃밥은 연황색이 난다.

1	2	3	4	5	6	7	8	9	10	11	12

▲ 마스데발리아 토바렌시스

마스데발리아 토바렌시스

학명 : *Masdevallia tovarensis* Rchb. f.

해발 2000m에서 자생하는 식물이다. 높이와 포기 너비는 15cm 정도. 잎은 직립, 잎자루는 짧고, 길이 12cm 정도, 긴 도란형 내지는 긴 타원형으로 녹색이 나며, 엽육이 두껍다. 꽃은 꽃대 길이가 10~15cm로, 한대에서 2~5개의 꽃이 흰색 또는 크림색으로 핀다. 꽃의 지름은 2.5cm, 길이 8cm 정도이며, 꽃받침의 기부는 가는 통형으로 녹색이다.

- 원산지 / 베네수엘라, 콜롬비아
- 생활형 / 상록 다년초
- 개화기 / 1~3월
- 용도 / 분화용, 절화용
- 햇빛 / 반광
- 온도 / 11℃ 월동, 13~23℃ 생육
- 관수 / 보통 관수, 다습 유지
- 배양토 / 수태 식재
- 번식 / 분주, 조직 배양

1	2	3	4	5	6	7	8	9	10	11	12

▲ 만곡청화

쥐꼬리망초과

- 원산지 / 열대 아프리카
- 생활형 / 덩굴성 다년초
- 개화기 / 7~9월
- 용도 / 트렐리스용, 철책 울타리용, 분화용, 창문 화단용, 화단용, 화훼 장식용
- 햇빛 / 충분한 햇빛, 반광
- 온도 / 7~8℃ 월동, 16~30℃ 생육
- 관수 / 보통 관수
- 배양토 / 배수 요함, 노지 재배. 밭흙, 부엽, 모래는 4:4:2
- 번식 / 실생, 삽목

만곡청화

학명 : *Thunbergia battiscombei* Turrill
영명 : Blue Clock Vine

덩굴줄기 길이 1~2m. 줄기는 가늘게 자라며 분지한다. 잎은 대생, 짧은 잎자루가 있고, 난형으로 끝이 뾰족하며, 기부는 심장형이다. 꽃은 잎겨드랑이에서 총상화서로 여러 개의 꽃이 연속으로 핀다. 꽃의 모양은 순형으로 끝통이 길며, 색소폰 모양과 같이 구부러진다. 끝은 다섯 갈래로 갈라지는데, 윗입술은 두 갈래로, 아랫입술은 세 갈래로 갈라진다. 꽃 색깔은 꽃통 부위의 기부 쪽은 연황색, 중간 윗부분은 청보라색이 나고, 꽃통 내부는 연황색이다. 열매는 삭과로 달린다.

1	2	3	4	5	6	7	8	9	10	11	12

▲ 만홍꽃

만홍꽃

학명 : *Heterocentron elegans* (Schlechtend) O. Kuntze
〔*Schizocentron elegans* (Schlechtend) Meissn.〕
영명 : Spanish Shawl

높이 10~20cm, 포기 너비 45cm 정도. 줄기는 가늘고 붉은빛이 나며, 포복성으로 길게 자라거나 늘어진다. 줄기는 분지하며, 잎은 대생한다. 잎의 길이는 1cm, 너비 0.8cm 정도로 난형 내지는 긴 타원형이며, 잎 끝은 뾰족하다. 줄기와 잎 뒷면에는 거센 털이나 보드라운 털이 밀생한다. 꽃의 지름은 3.2cm 정도이며, 꽃잎은 4개로 활짝 핀다. 꽃 색깔은 진분홍색이거나 자분홍색이다.

- 원산지 / 멕시코, 과테말라, 온두라스
- 생활형 / 덩굴성 상록 다년초
- 개화기 / 5~7월
- 용도 / 분화용, 공중걸이용, 지피 식물용
- 햇빛 / 충분한 햇빛(겨울), 반그늘(여름)
- 온도 / 7℃ 월동, 16~25℃ 생육
- 관수 / 보통 관수
- 배양토 / 비옥한 사양토. 밭흙, 부엽, 모래는 4:4:2
- 번식 / 삽목, 분주

1	2	3	4	5	6	7	8	9	10	11	12

▲ 맥문동

백합과

- 원산지 / 한국, 일본, 중국, 타이완
- 생활형 / 상록 다년초
- 개화기 / 5~8월
- 용도 / 화단용, 조경용, 음지 조경 지피 식물용
- 햇빛 / 햇빛~음지
- 온도 / 노지 월동, 16~30℃ 생육
- 관수 / 보통 관수
- 배양토 / 밭흙, 부엽, 모래는 5:3:2, 노지 재배
- 번식 / 실생, 분주

맥문동

학명 : *Liriope platyphylla* Wang et Tang
[*L. muscari* (Decne) Bailey, *L. graminifolia* Baker]
영명 : Big Blue Lily Turf

잎은 길이 30~50cm, 너비 8~1.2cm로, 진녹색이 나고 두꺼우며 광택이 난다. 땅속줄기는 짧고, 포복지는 횡장성이다. 뿌리에는 군데군데 방추형의 덩이뿌리가 있다. 꽃은 잎 사이에서 긴 꽃대가 자라 총상화서로 직립하며, 연코라색 꽃이 핀다. 마디에서는 여러 개의 꽃이 피며, 꽃잎은 6개, 길이는 4mm 정도로 연자분홍색이 난다. 열매는 장과로 둥근 모양이며, 익으면 검은색이 된다.

1	2	3	4	5	6	7	8	9	10	11	12

▲ 노란색 꽃   ▲ 맨드라미

맨드라미

학명 : *Celosia cristata* Kuntze
영명 : Common Cockscomb

비름과

- 원산지 / 열대 아시아, 인도
- 생활형 / 1년초
- 개화기 / 7~9월
- 용도 / 화단용, 절화용
- 햇빛 / 충분한 햇빛
- 온도 / 20~35℃ 생육
- 관수 / 보통 관수
- 배양토 / 노지 화단 재배.
  밭흙, 부엽, 모래는 5:3:2
- 번식 / 실생

줄기 높이 60~90cm. 굵고 곧게 자란다. 잎은 호생, 길이 5~20cm이며, 난형 또는 난상 피침형으로 끝은 뾰족하다. 식물 전체에는 털이 없다. 꽃은 닭의 볏같이 넓적한 화서에 붉은색의 꽃이 핀다. 극왜성 종으로, 높이가 15cm 정도 자라는 것부터 1m 이상 자라는 고성종도 있다. 꽃 색깔 또한 붉은색, 노란색, 오렌지색, 자홍색 등이 있다.

1	2	3	4	5	6	7	8	9	10	11	12

▲ 멕시코 백일홍

국화과

- 원산지 / 멕시코, 미국의 서남부
- 생활형 / 춘파 1년초
- 개화기 / 7~10월
- 용도 / 화단용, 컨테이너용
- 햇빛 / 충분한 햇빛
- 온도 / 16~30℃ 생육
- 관수 / 보통 관수
- 배양토 / 배수 요함, 사양토, 밭흙, 부엽, 모래는 5:3:2
- 번식 / 실생

멕시코 백일홍

학명 : *Zinnia haageana* Regel
영명 : Mexican Zinnia

　높이 30~60cm, 프기 너비 30cm 정도. 곧게 자라며, 분지한다. 잎은 십자형으로 대생, 길이 7cm 정도, 줄기와 잎에 긴 모가 있다. 잎은 긴 난형으로 끝이 뾰족하고, 잎자루는 없다. 잎의 길이는 7.5cm, 너비 3cm 정도로, 3개의 세로맥이 있다. 꽃은 줄기 끝에서 두상화가 핀다. 꽃의 지름은 2.5~4cm로, 설상화는 붉은색과 노란색, 또는 오렌지색, 분홍색 등 다양하다. 꽃 색깔은 2중 색이 나는 것도 있다.

1	2	3	4	5	6	7	8	9	10	11	12

▲ 멕시코 수염풀

멕시코 수염풀

학명 : *Stipa tenuissima* L.
영명 : Mexican Feather Grass, Esparto Grass

높이 60cm, 포기 너비 30cm 정도. 잎은 직립성으로 실 모양, 가늘고 밝은 녹색, 길이 30cm 이상 자란다. 꽃은 원추화서로 여름에 늘어지면서 피며, 길이 30cm 정도 되는 부드러운 깃털 모양이다. 화수는 처음에는 녹색을 띤 흰색이며, 뒤에는 황갈색이 난다. 식물 전체는 가냘프게 자라, 바람이 불면 하늘하늘 나부끼며 쓰러지기도 한다.

벼과

- 원산지 / 멕시코, 텍사스, 뉴멕시코, 아르헨티나
- 생활형 / 숙근성 다년초
- 개화기 / 7~8월
- 용도 / 화단용, 조경용
- 햇빛 / 충분한 햇빛
- 온도 / 5℃ 월동, 16~30℃ 생육
- 관수 / 보통 관수
- 배양토 / 배수 요함, 사양토, 밭흙, 부엽, 모래는 5:3:2
- 번식 / 실생, 분주

1	2	3	4	5	6	7	8	9	10	11	12

▲ 멕시코 해바라기

▲ 꽃

국화과

- 원산지 / 중앙 아메리카, 멕시코
- 생활형 / 1년초화
- 개화기 / 8~10월
- 용도 / 화단용
- 햇빛 / 충분한 햇빛
- 온도 / 종자 월동, 16~30℃ 생육
- 관수 / 보통 관수
- 배양토 / 노지 화단 재배
- 번식 / 삽목, 분주

멕시코 해바라기

학명 : *Tithonia rotundifolia* S. F. Blake
영명 : Mexican Sunflower

 높이 0 8~2.5m, 포기 너비 30cm 정도. 굵고 곧게 자라며 분지한다. 잎은 호생, 넓은 난형이다. 잎의 길이는 8~30cm로, 잎 뒷면에는 털이 밀생한다. 꽃은 가지 끝에서 1개씩 두상화로 주황색 꽃이 핀다. 화심은 오렌지색이 난다. 꽃의 지름은 8cm로, 몇 개의 원예 품종이 있다.

| 1 | 2 | 3 | 4 | 5 | 6 | 7 | 8 | 9 | 10 | 11 | 12 |

▲ 멜람포디움 팔루도숨

멜람포디움 팔루도숨

학명 : *Melampodium paludosum* H.B. & K. Nov.
영명 : Melampodium

높이 20~60cm, 포기 너비 90cm 정도. 줄기는 분지하며, 잎은 대생한다. 잎의 길이는 5cm 내외이며, 녹색으로 긴 타원형에 끝은 뾰족하다. 꽃은 가지 끝에서 꽃자루가 자라 두상화로 노란색 꽃이 핀다. 화심은 오렌지색이 나며, 설상화는 9~13개, 두상화 지름은 2~3cm이다. 일본과 같이 고온 다습한 지역의 화단용으로 적합한 관화 식물이다.

1	2	3	4	5	6	7	8	9	10	11	12

국화과

- 원산지 / 멕시코
- 생활형 / 1년초
- 개화기 / 6~10월
- 용도 / 화단용, 컨테이너용
- 햇빛 / 충분한 햇빛
- 온도 / 16~30℃ 생육
- 관수 / 보통 관수
- 배양토 / 화단 재배, 배수 요함. 밭흙. 부엽, 모래는 4:4:2
- 번식 / 실생, 발아 온도 20~25℃

▲ 모나르다 디디마

꿀풀과

- ●원산지 / 미국, 캐나다
- ●생활형 / 숙근성 다년초
- ●개화기 / 6~9월
- ●용도 / 화단용, 허브용
- ●햇빛 / 충분한 햇빛
- ●온도 / 노지 월동, 16~30℃ 생육
- ●관수 / 보통 관수
- ●배양토 / 노지 재배
- ●번식 / 실생, 분주

모나르다 디디마

학명 : *Monarda didyma* L.
영명 : Bergamot, Bee Balm

　높이 40~120cm. 줄기는 사각형이다. 잎은 대생, 난형 내지는 난상 피침형이다. 잎의 길이는 15cm, 너비는 8~4cm이다. 꽃은 줄기 끝에서 붉은색, 연홍색, 분홍색, 흰색으로 핀다. 꽃은 두상으로 여러 개의 꽃이 핀다. 많은 원예 품종이 있으며, 매콤한 맛과 향이 난다.

1	2	3	4	5	6	7	8	9	10	11	12

▲ 몬태나 할미꽃

몬태나 할미꽃

학명 : *Pulsatilla montana* Hoppe ex Sturm
영명 : Pasqueflower

미나리아재비과

● 원산지 / 유럽 중부
● 생활형 / 숙근성 다년초
● 개화기 / 5월
● 용도 / 화단용, 분화용, 록 가든용
● 햇빛 / 충분한 햇빛
● 온도 / 0℃ 월동, 16~30℃ 생육
● 관수 / 수생 식물
● 배양토 / 밭흙, 부엽, 모래 는 4:4:2
● 번식 / 분주

　높이 8~20cm. 뿌리줄기는 검은색이 나며, 잎은 로제트상으로 자란다. 식물 전체에는 회백색 털이 밀생한다. 잎은 10cm 정도 되는 잎자루가 있고, 암녹색이 나며, 3회 우상 복엽이다. 소엽은 가는 선상 피침형이다. 꽃대는 기부에서 20cm 정도 곧게 자라며, 끝에서 1개의 꽃이 아래로 숙이고 핀다. 꽃은 처음에는 종 모양이지만, 뒤에는 별 모양으로 활짝 핀다. 꽃 색깔은 진보라색으로 털이 밀생하며, 꽃받침은 6개로 꽃잎 모양으로 자란다. 열매는 수과로 흰색 관모가 있다.

1	2	3	4	5	6	7	8	9	10	11	12

▲ 무스카리

- 원산지 / 유럽 동남부
- 생활형 / 숙근성 구근 다년초
- 개화기 / 4~5월
- 용도 / 화단용, 분화용
- 햇빛 / 충분한 햇빛
- 온도 / 구근 월동, 16~23℃ 생육
- 관수 / 보통 관수
- 배양토 / 노지 재배. 밭흙, 부엽, 모래는 5:3:2
- 번식 / 실생, 자연 분구

무스카리

학명 : *Muscari armeniacum* Leichtlin ex Baker
영명 : Blue Grape Hyacinth

높이 20cm 정도. 뿌리줄기를 가진 추식 구근이다. 잎은 선상 피침형, 길이 30cm 정도로 녹색이 난다. 꽃은 구근의 잎 사이에서 15~23cm 높이로 꽃대가 자라, 포도송이 모양의 통꽃이 총상화서로 조밀하게 핀다. 꽃 색깔은 청보라색과 흰색이 있으며, 화서의 길이는 2~8cm 정도 된다.

1	2	3	4	5	6	7	8	9	10	11	12

▲ 물망초

▲ 흰 꽃

▲ 분홍색 꽃

물망초 (왜지치)

학명 : *Myosotis sylvatica* Ehrh. ex Hoffm.
영명 : Garden Forget-me-not

 높이 15~50cm. 줄기와 잎에는 털이 밀생한다. 줄기는 기부로부터 분지하고, 잎은 회록색이 나며, 긴 타원형 또는 피침형으로 짧은 털이 있다. 꽃은 연청색이 나며, 가운데에 작게 둥근 흰색과 노란색 무늬가 들어 있다. 꽃 색깔은 푸른색과 분홍색, 흰색의 변이종이 있으며, 꽃의 지름은 6~8mm, 꽃잎은 다섯 갈래로 갈라지며, 끝은 둥글다. 꽃받침에는 갈고리 모양의 털이 있다.

1	2	3	4	5	6	7	8	9	10	11	12

지치과

● 원산지 / 유럽
● 생활형 / 1~2년초
● 개화기 / 4~6월
● 용도 / 절화용, 화단용
● 햇빛 / 충분한 햇빛
● 온도 / 3~5℃ 월동, 10~23℃ 생육
● 관수 / 보통 관수
● 배양토 / 노지 재배. 밭흙, 부엽, 모래는 5:3:2
● 번식 / 실생

▲ 리틀 레몬('Little Lemon')   ▲ 미국미역취(*Solidago serotina*)

국화과

- ●원산지 / 북아메리카
- ●생활형 / 1년초~다년초
- ●개화기 / 8~9월
- ●용도 / 화단용, 절화용
- ●햇빛 / 충분한 햇빛
- ●온도 / 노지 월동, 16~30℃ 생육
- ●관수 / 보통 관수
- ●배양토 / 노지 재배. 밭흙, 부엽, 모래는 5:3:2
- ●번식 / 실생, 분주

미국미역취

학명 : *Solidago serotina* Ait.
영명 : Late Goldenrod

　높이 1m 정도로 곧게 자란다. 잎은 호생, 짧은 잎자루가 있으며, 피침형 또는 도피침형으로 많이 난다. 잎의 길이 4~13cm, 너비 1.5cm 정도로 끝 부분에 톱니가 있다. 잎 색깔은 녹색이며, 뒷면 맥 위에 짧은 털이 있다. 꽃은 원추화서로 노란색 꽃이 조밀하게 핀다. 설상화는 8~15개, 총포는 길이가 3.2~4.5cm 이다. 열매는 수과로 털이 있다.

1	2	3	4	5	6	7	8	9	10	11	12

▲ 미모사

미모사 (신경초)

학명 : *Mimosa pudica* L.
영명 : Sensitive Plant, Humble Plant

콩과

높이 30~50cm, 포기 너비 40~90cm. 줄기에는 잔털이 밀생하며, 가시가 드문드문 있다. 잎은 호생, 긴 잎자루가 있으며, 2회 우상 복엽이다. 잎의 길이는 12cm, 소엽은 회록색기 난다. 꽃은 줄기나 가지 끝에 총상화서로 1~3개가 공 모양으로 핀다. 꽃은 진홍색 또는 진분홍색으로 핀다. 개화 후 꼬투리에는 종자가 들어 있다. 건드리면 잎이 오므라든다.

- 원산지 / 열대 아메리카
- 생활형 / 춘파 1년초이나 원산지에서는 다년초
- 개화기 / 6~9월
- 용도 / 화단용, 분식용
- 햇빛 / 충분한 햇빛
- 온도 / 종자 월동, 16~30℃ 생육
- 관수 / 충분한 관수
- 배양토 / 노지 재배. 밭흙, 부엽, 모래는 5:3:2
- 번식 / 실생

1	2	3	4	5	6	7	8	9	10	11	12

▲ 밀짚꽃

국화과

- 원산지 / 오스트레일리아
- 생활형 / 1년초
- 개화기 / 5~9월
- 용도 / 화단용, 절화용, 건화용
- 햇빛 / 충분한 햇빛
- 온도 / 종자 월동, 16~30℃ 생육
- 관수 / 내건성, 보통 관수
- 배양토 / 화단 재배, 배수 요함
- 번식 / 실생

밀짚꽃

학명 : *Helichrysum bracteatum* (Venten.) Andr.
영명 : Strawflower

　높이 30~90cm. 잎은 호생, 긴 타원상 피침형이다. 꽃은 두상화로 피며, 지름은 4~10cm이다. 총포는 노란색, 오렌지색, 붉은색, 분홍색, 흰색 꽃이 핀다. 원예 품종으로, 꽃의 크기가 큰 것과 작은 것, 키가 작은 왜성종으로 20~40cm 자라는 품종도 있다. 반관목 다년초이나 원예학에서는 1년초로 분류한다.

1	2	3	4	5	6	7	8	9	10	11	12

▲ 열매　　　　　　　　　▲ 바나나

바나나

학명 : *Musa paradisiaca* L.
　　　　(*M. sapientum* L.)
영명 : Banana

　높이 3~7m. 줄기는 위경(僞莖)을 가지고 있다. 잎은 줄기 윗부분에서 자라며, 길이 2m, 너비 50cm 정도로 넓고, 긴 난형 또는 긴 타원형에 잎자루가 있다. 위경의 기부 지름은 15~40cm로, 잎과 줄기는 회백색을 띤 흰 가루로 덮여 있다. 꽃은 6~7cm로, 붉은 자갈색의 포에서 노란색 꽃이 핀다. 열매는 두 줄로 배열되며, 길이는 20cm 정도로 20~40개의 굽은 바나나가 달린다. 꽃이 피고 열매가 달리면 모주(母株)는 죽고 땅속줄기에서 새싹이 자란다.

1	2	3	4	5	6	7	8	9	10	11	12

파초과

- 원산지 / 인도, 스리랑카, 말레이시아
- 생활형 / 상록 다년초
- 개화기 / 6~8월
- 용도 / 관상용, 온실 표본용, 식용(바나나), 컨테이너용
- 햇빛 / 충분한 햇빛, 반광
- 온도 / 8℃ 월동, 16~30℃ 생육
- 관수 / 보통 관수, 약간 다습
- 배양토 / 배수 양호한 비옥토. 밭흙, 부엽, 모래는 5:3:2
- 번식 / 분주

▲ 바다수선

수선화과

- 원산지 / 서인도 제도
- 생활형 / 상록 구근 다년초
- 개화기 / 7~9월
- 용도 / 화분용, 절화용, 정원용(열대)
- 햇빛 / 반광
- 온도 / 10℃ 월동, 16~30℃ 생육
- 관수 / 보통 관수, 내건성
- 배양토 / 밭흙, 부엽, 모래 = 4:4:2
- 번식 / 실생, 분구

바다수선

학명 : *Hymenocallis speciosa* Salisb.
영명 : Spider Lily, Sea Daffodil

　높이 45cm, 포기 너비 30cm 정도. 비늘줄기를 가지고 있다. 잎은 근생엽으로 넓은 타원형 또는 긴 타원형이며, 길이는 65cm로 녹색이고, 끝은 뾰족하다. 꽃은 잎 기부의 비늘줄기에서 꽃대가 45cm 정도 곧게 자라 산형화서로 9~15개의 흰색 꽃이 핀다. 꽃의 지름은 20~23cm, 선형의 긴 꽃잎이 바깥쪽으로 늘어져 있다. 꽃에서는 바닐라향이 난다.

1	2	3	4	5	6	7	8	9	10	11	12

▲ 바비아나 스트릭타

바비아나 스트릭타

학명 : *Babiana stricta* (Ait.) Ker-Gawl. cv.
영명 : Baboonroot

　높이 20~30cm, 구근 지름 1.3cm 정도. 섬유질이 덮여 있다. 줄기는 직립하며, 잎은 부채 모양으로 줄기 양 옆에 납작하게 자란다. 잎과 줄기에는 털이 있으며, 세로맥이 조길하게 있다. 꽃은 꽃대가 길게 자라 끝 부분에서 수상화서로 4~8개의 꽃이 핀다. 꽃잎은 6개로 긴 타원형 내지는 도란형이며, 푸른 보라색 꽃이 핀다. 구근은 가을에 캐서 저장했다가 봄에 심는다.

| 1 | 2 | 3 | 4 | 5 | 6 | 7 | 8 | 9 | 10 | 11 | 12 |

붓꽃과

- 원산지 / 아프리카 남부
- 생활형 / 비내한성 구근 식물
- 개화기 / 4~5월
- 용도 / 분화용. 화단용, 절화용
- 햇빛 / 보통 햇빛
- 온도 / 5℃ 월동, 10~21℃ 생육
- 관수 / 보통 관수
- 배양토 / 밭흙, 부엽, 모래는 5:3:2
- 번식 / 실생, 자구 번식

▲ 시암 퀸(*Ocimum basilicum* 'Siam Queen') 바질

꿀풀과

- ●원산지 / 열대, 아열대의 아프리카, 유라시아 대륙
- ●생활형 / 춘파 1년초, 단명 다년초
- ●개화기 / 7~10월
- ●용도 / 화단용, 허브용, 요리 컨테이너용, 허브 가든용
- ●햇빛 / 충분한 햇빛
- ●온도 / 16~30℃ 생육
- ●관수 / 보통 관수
- ●배양토 / 배수 양호한 비옥토. 밭흙, 부엽, 모래는 5:3:2
- ●번식 / 실생, 삽목

바질

학명 : *Ocimum basilicum* L.
영명 : Basil, Sweet Basil, Common Basil

높이 30~60cm. 줄기는 사각형으로 많이 분지한다. 잎은 대생, 좁은 난형 내지는 타원형, 톱니가 있거나 없으며, 잔털이 있다. 꽃은 가지나 줄기 끝에서 흰색 또는 자분홍색의 꽃이 총상화서로 윤생으로 층층이 피며, 지름은 7~10mm로 통꽃이고, 2순형화로 핀다. 맵고 달콤한 독특한 향이 나며, 요리나 향료, 약용 등으로 사용된다. 원예 품종으로는 잎이 붉은 자색이 나거나 밝은 녹색이 나는 것도 있다.

1	2	3	4	5	6	7	8	9	10	11	12

▲ 반다

반다

학명 : *Vanda hybrida* Hort. cv.
영명 : Vanda

잎은 양 옆으로 배열되며, 너비는 좁은 선형으로 두껍고 억세며, 뻣뻣하고 아치형이다. 꽃대는 윗부분의 잎겨드랑이에서 1~다수의 꽃이 총상으로 활짝 핀다. 꽃잎과 꽃받침은 길이가 같으며, 5개의 꽃잎과 1개의 순판(脣瓣)이 있다. 순판은 암술 밑에 붙어 있는데, 세 갈래로 갈라져 있으며, 짧은 거(距)가 있다. 전 세계에 약 40종이 자생하는데, 현재 원예종으로 이용되고 있는 반다류는 대부분이 교배 품종이다.

난초과

- 원산지 / 열대 아시아, 인도, 뉴기니, 타이완, 오스트레일리아
- 생활형 / 상록 다년초
- 개화기 / 종에 따라 개화기가 4~10월 중임.
- 용도 / 분화용, 화훼 장식용, 공중걸이용
- 햇빛 / 반광
- 온도 / 17~35℃ 생육
- 관수 / 내건성, 보통 관수
- 배양토 / 화단 재배, 배수 요함
- 번식 / 실생

| 1 | 2 | 3 | 4 | 5 | 6 | 7 | 8 | 9 | 10 | 11 | 12 |

백가지

가지과

- 원산지 / 인도 원산종의 원예 품종
- 생활형 / 춘파 1년초
- 개화기 / 6~9월
- 용도 / 분화용, 화훼 장식용
- 햇빛 / 충분한 햇빛
- 온도 / 16~30℃ 생육
- 관수 / 보통 관수
- 배양토 / 노지 재배, 비옥토. 밭흙, 부엽, 모래는 5:3:2
- 번식 / 실생

백가지

학명 : *Solanum melongena* L. var. *pumilio* Hara
(*S. melongena* L. 'Ovigerum')
영명 : White Egg Plant

높이 30~200cm. 가지는 잘 분지한다. 잎은 호생, 잎자루가 있다. 잎은 도란형에 표면이 백녹색이며, 길이는 8~22cm이다. 꽃은 마디와 마디 사이 중앙에서 몇 개가 연한 보라색으로 피며, 지름이 1~2cm이다. 열매는 달걀만하게 흰색으로 달리며, 익으면 노란색이 된다. 열매는 지름 4~4.5cm, 길이 6.5cm 정도이다. 원산지에서는 관목상의 다년초이다.

1	2	3	4	5	6	7	8	9	10	11	12

▲ 백공작

백공작

학명 : *Aster ericoides* L.
　　　(*A. multiflorus* Ait., *A. pilosus* Willd.)
영명 : Heath Aster

국화과

- 원산지 / 미국
- 생활형 / 숙근성 다년초
- 개화기 / 8~10월
- 용도 / 절화용, 화단용
- 햇빛 / 충분한 햇빛
- 온도 / 노지 월동, 16~30℃ 생육
- 관수 / 충분한 관수
- 배양토 / 노지 재배. 밭흙, 부엽, 모래는 5:3:2
- 번식 / 실생, 분주, 삽목

　높이 45~120cm. 가지는 분지한다. 뿌리줄기를 가지고 있다. 잎은 호생, 선상 피침형이다. 꽃은 아치형으로 자라, 분지된 가지에서 지름 1cm 정도 되는 꽃이 핀다. 꽃은 두상화로 설상화가 피며, 꽃 색깔은 흰색, 화심은 노란색이 난다. 꽃은 푸른색이나 분홍색으로 피는 품종도 있다.

1	2	3	4	5	6	7	8	9	10	11	12

▲ 백일홍(*Zinnia elegans*)

▲ 프로퓨전 체리('Profusion Cherry')

▲ 더블 핑크('Double Pink')

국화과

- 원산지 / 멕시코
- 생활형 / 춘파 1년초
- 개화기 / 7~10월
- 용도 / 화단용
- 햇빛 / 충분한 햇빛
- 온도 / 종자 월동, 16~30℃ 생육
- 관수 / 보통 관수
- 배양토 / 노지 화단, 배수 요함. 밭흙, 부엽, 모래는 5:3:2
- 번식 / 실생

백일홍

학명 : *Zinnia elegans* Jacq.
영명 : Zinnia, Youth and Old Age, Zinnia Lilliput

높이 50~90cm로 크게 자란다. 잎은 대생, 길이 4~10cm, 너비 2.5~5cm로, 깔깔한 털로 덮여 있다. 잎자루는 없고, 난형으로 끝은 뾰족하다. 꽃은 두상화로 줄기 끝에 한 줄기에 한 송이가 핀다. 꽃 색깔은 흰색, 아이보리색, 붉은색, 주홍색, 노란색, 분홍색, 도홍색 등이며, 지름은 대륜종 9~11cm, 중륜종 5~8cm, 소륜종 3.5~4cm이다.

1	2	3	4	5	6	7	8	9	10	11	12

▲ 백작약

백작약

학명 : *Paeonia japonica* Miyabe et Takeda
영명 : Oriental White Paeonia

　높이 40~50cm. 뿌리줄기는 짧고, 뿌리는 굵게
자라며, 줄기 기부에는 비늘잎이 있다. 잎은 줄기에
3~4개가 호생하며, 2회 3출 복엽으로 소엽은 긴 타
원형 내지는 도란형이고 끝은 뾰족하다. 잎의 길이
는 5~12cm, 너비는 3~7cm이다. 꽃은 줄기 끝에
꽃대가 자라 1개씩 흰색 꽃이 핀다. 꽃의 지름은 4~
5cm, 꽃받침은 3개이다. 꽃잎은 5~7개, 도란형이
며, 길이는 3~4cm이다.

1	2	3	4	5	6	7	8	9	10	11	12

미나리아재비과

● 원산지 / 한국, 일본, 중국, 러시아
● 생활형 / 숙근성 다년초
● 개화기 / 5~6월
● 용도 / 화단용, 약용
● 햇빛 / 개화기까지는 충분한 햇빛, 개화 후는 반광
● 온도 / 노지 월동, 16~30℃ 생육
● 관수 / 보통 관수
● 배양토 / 노지 재배. 밭흙, 부엽, 모래는 5:3:2
● 번식 / 분주, 실생

▲ 백합

백합과

- ●원산지 / 일본 남부, 타이완
- ●생활형 / 추식 구근 다년초
- ●개화기 / 7~10월
- ●용도 / 화단용, 절화용
- ●햇빛 / 충분한 햇빛
- ●온도 / 노지 월동, 16~30℃ 생육
- ●관수 / 보통 관수
- ●배양토 / 노지 화단, 배수 요함. 밭흙, 부엽, 모래는 5:3:2
- ●번식 / 비늘조각(인편) 번식, 실생

백합

학명 : *Lilium longiflorum* Thunb.
영명 : White Trumpet Lily, East Lily

　높이 40~100cm. 줄기는 곧게 자란다. 잎은 호생, 길이 10~18cm, 너비 5~15mm로 녹색, 털은 없다. 잎자루는 없고, 긴 타원형으로 끝은 뾰족하다. 꽃은 나팔형의 흰색 꽃 2~3개가 줄기 끝에 옆을 향해 핀다. 꽃잎 끝은 여섯 갈래로 갈라지며, 갈라진 끝은 뾰족하다. 꽃의 길이는 12~16cm이고, 수술은 6개, 꽃잎보다 짧다. 열매는 삭과로, 긴 타원형이다.

1	2	3	4	5	6	7	8	9	10	11	12

▲ 버베나

버베나

학명 : *Verbena hybrida* Voss
영명 : Garden Verbena

　높이 45cm, 포기 너비 30~50cm. 줄기는 포복
한다. 잎은 난형 또는 긴 타원형으로 톱니가 있다.
식물 전체에는 회색 털이 있다. 잎의 길이 5~10cm
이다. 꽃은 산방상 수상화서로 피며, 꽃 색깔은 흰
색, 붉은 색, 분홍색, 청보라색, 노란색 등이다. 원예
품종으로는 포복종과 왜성종, 고성종, 대륜종 계통
이 있다.

마편초과

● 원산지 / 원예 교배종
● 생활형 / 추파 1, 2년초
● 개화기 / 4~10월
● 용도 / 화단용, 분화용
● 햇빛 / 충분한 햇빛
● 온도 / 노지 월동, 10~21℃
　생육
● 관수 / 보통 관수
● 배양토 / 노지 화단, 배수
　요함. 밭흙, 부엽, 모래는
　5:3:2
● 번식 / 실생, 아삽

1	2	3	4	5	6	7	8	9	10	11	12

▲ 벌개미취

국화과

- ●원산지 / 한국 중부 이남
- ●생활형 / 숙근성 다년초
- ●개화기 / 6~10월
- ●용도 / 조경용, 식용(어린
  순), 화단용
- ●햇빛 / 충분한 햇빛
- ●온도 / 노지 월동, 16~30℃
  생육
- ●관수 / 보통 관수, 내건성
- ●배양토 / 비옥한 사양토.
  밭흙, 부엽, 모래는 5:3:2
- ●번식 / 실생, 삽목

벌개미취

학명 : *Aster koraiensis* Nakai
영명 : Korean Starwort

　높이 50~60cm. 곧게 자라며, 윗부분에서 분지한다. 근생엽은 꽃이 필 무렵 시들어 죽는다. 잎은 호생, 잎자루는 없으며, 피침형이다. 길이 12~19cm, 너비 1.5~3cm로, 가장자리에는 잔 톱니가 있다. 꽃은 줄기 윗부분에서 각 가지 끝에 두상화로 1개씩 연보라색 꽃이 핀다. 지름은 4~5cm, 총포는 4줄로 반구형이며, 가장자리에는 털이 있다. 열매는 수과로 달린다.

1	2	3	4	5	6	7	8	9	10	11	12

▲ 범꽃

범꽃

학명 : *Tigridia pavonia* (L. f.) Ker-Gawl.
영명 : Peacock Tiger Flower, Tiger Flower

붓꽃과

　높이 45~150cm. 줄기는 분지하지 않는다. 잎은 검형, 길이 20~50cm이며, 3개의 세로맥이 있다. 꽃은 분지된 꽃대 끝에서 1~4개의 꽃이 연속으로 피며, 각 꽃은 하루만 피고 시든다. 꽃대는 8~15cm, 꽃 색깔은 흰색, 붉은색, 노란색, 분홍색 등 다양하다. 꽃잎은 6개로, 가운데에는 표범과 같은 붉은색의 점무늬가 있다. 바깥쪽 꽃잎은 3개로 도란형이고 크며, 내화피 조각은 중앙 안쪽에 3개가 핀다. 여러 가지 품종이 있다.

- ●원산지 / 멕시코, 과테말라
- ●생활형 / 숙근성 구근 다년초
- ●개화기 / 8~9월
- ●용도 / 화단용, 분화용
- ●햇빛 / 충분한 햇빛, 반광
- ●온도 / 8℃ 월동, 16~30℃ 생육
- ●관수 / 보통 관수, 내건성
- ●배양토 / 비옥한 사양토. 밭흙, 부엽, 모래는 5:3:2, 배수 요함
- ●번식 / 실생, 분주

1	2	3	4	5	6	7	8	9	10	11	12

▲ 범부채(*Belamcanda chinensis*)　　　▲ 자주범부채('Purpurea')

붓꽃과

- ●원산지 / 한국, 중국, 일본
- ●생활형 / 숙근성 다년초
- ●개화기 / 7~8월
- ●용도 / 화단용, 절엽용, 약용
- ●햇빛 / 충분한 햇빛
- ●온도 / 노지 월동, 16~30℃ 생육
- ●관수 / 보통 관수
- ●배양토 / 배수 양호, 비옥한 사양토
- ●번식 / 실생, 분주

범부채

학명 : *Belamcanda chinensis* (L.) DC.
영명 : Blackberry Lily

　높이 50~100cm. 잎은 검형으로 납작하며, 길이 30~50cm, 너비 2~4cm로 좌우에 배열된다. 잎 색깔은 분백색을 띤 녹색이다. 꽃은 길게 꽃대가 자라 1~2회 갈라지며, 총상호-서로 여러 개의 꽃이 핀다. 꽃잎은 6개로 주황색이 나며, 진한 점무늬가 있다. 원예 품종에는 꽃의 색이 노란색, 흰색 등 다양한데, 자주범부채(*B. chinensis* (L.) DC. 'Purpurea'), 난쟁이범부채(*B. chinensis* (L) DC. 'Nana') 등이 있다.

1	2	3	4	5	6	7	8	9	10	11	12

▲ 베고니아 로이스 버크(*Begonia* 'Lois Burke')

베고니아 로이스 버크

학명 : *Begonia* 'Lois Burke'

높이 60cm 정도. 줄기는 다즙질로 분지한다. 잎은 호생, 잎자루가 있다. 엽신은 비대칭형으로 난상 긴 타원형이고, 기부는 한쪽이 넓으며, 한쪽으로 쏠려 있다. 잎 색깔은 진녹색 바탕에 은록색의 점무늬가 산재해 있다. 잎 가장자리에는 붉은색의 테무늬가 있다. 꽃은 가지 끝 부분의 잎겨드랑이에서 선명한 주홍색 꽃이 핀다.

1	2	3	4	5	6	7	8	9	10	11	12

베고니아과

- 원산지 / 원예 교배종
- 생활형 / 상록 다년초
- 개화기 / 7~9월
- 용도 / 분화용, 실내 관상용
- 햇빛 / 반광, 햇빛
- 온도 / 8℃ 월동, 16~30℃ 생육
- 관수 / 보통 관수
- 배양토 / 밭흙, 부엽, 모래는 4:4:2
- 번식 / 분주, 삽목

▲ 베고니아 리치몬덴시스

베고니아과

- 원산지 / 남아메리카
- 생활형 / 온실 상록 다년초
- 개화기 / 6~9월
- 용도 / 분화용, 화단용
- 햇빛 / 반광
- 온도 / 10℃ 월동, 16~25℃ 생육
- 관수 / 보통 관수
- 배양토 / 배수 요함, 노지 화단. 밭흙, 부엽, 모래는 5:3:2
- 번식 / 삽목

베고니아 리치몬텐시스

학명 : *Begonia richmondensis*

　높이와 포기 너비는 각각 90cm. 곧게 자라나 가지는 늘어지며 자란다. 잎은 호생, 잎자루가 있다. 줄기와 잎자루, 꽃자루는 붉은색을 띠며, 털이 있다. 잎은 비대칭형으로 녹색이 나고, 톱니가 있으며, 금속성 광택이 난다. 잎 뒷면은 회록색의 털이 있다. 꽃은 집산화서르 분홍색을 띤 흰색 꽃이 가지 끝에서 핀다.

1	2	3	4	5	6	7	8	9	10	11	12

▲ 보세란

보세란

학명 : *Cymbidium sinense* (G. Jacks) Willd.
　　　(*C. hoosai* Makino)
영명 : Chinese Cymbidium

　높이 30~60cm, 너비 2.5~3cm. 뿌리는 흰색으로 굵다. 잎은 녹색으로 선형, 두껍고, 가죽질로 광택이 난다. 잎은 아치형으로 자라며, 끝은 뽀족하다. 꽃대는 60~70cm, 총상화서로 10~15개가 피며, 지름은 5~7cm이다. 꽃 색깔은 원종이 자갈색으로 피나, 붉은색, 분홍색, 소심도 있다. 특유한 향기가 난다. 자생지에서는 1~2월에 꽃이 핀다.

- ●원산지 / 중국 남부, 타이완, 해남도, 베트남, 히말라야, 인도, 일본
- ●생활형 / 상록 다년초
- ●개화기 / 3~4월
- ●용도 / 분화용
- ●햇빛 / 반광
- ●온도 / 5℃ 월동, 10~21℃ 생육, 환기
- ●관수 / 보통 관수, 약간 다습
- ●배양토 / 마사, 난석(蘭石)
- ●번식 / 분주

1	2	3	4	5	6	7	8	9	10	11	12

▲ 용자(중국 춘란)

▲ 대부귀(중국 춘란)

▲ 일륜(일본 춘란)

난초과

- 원산지 / 한국, 중국, 일본
- 생활형 / 상록 다년초
- 개화기 / 3~4월
- 용도 / 분화용, 난초 애호 가용
- 햇빛 / 반그늘
- 온도 / 5℃ 월동, 10~23℃ 생육, 환기
- 관수 / 보통 관수, 다습
- 배양토 / 마사, 난석
- 번식 / 분주

보춘화 (춘란)

학명 : *Cymbidium goeringii* Rchb. f.
(*C. forestii* Rolfe)

　높이 15~30cm, 너비 6~10mm. 잎은 진녹색으로 선형, 잎 가장자리에는 미세한 톱니가 있으며, 끝은 뾰족하다. 5~6cm의 꽃대가 자라 줄기 끝에 연한 황록색 꽃이 핀다. 꽃받침잎은 약간 육질이며, 도피침형으로 길이 3~3.5cm, 순판에는 짙은 자홍색의 점무늬가 있다. 끝은 세 갈래로 갈라진다.

※난계에서는 보춘화를 춘란이라고 하며, 크게 중국 춘란과 일본 춘란으로 나눈다. 이들은 속명과 종명이 같으며, 변이 종들은 품종으로 분류되고 있다.

1	2	3	4	5	6	7	8	9	10	11	12

▲ 복수초

복수초

학명 : *Adonis amurensis* Regel et Radde
영명 : Amur Adonis

높이는 15~30cm, 뿌리줄기는 짧으며, 줄기는 약간 분지한다. 잎에는 긴 잎자루가 있고, 3~4회 새의 깃 모양으로 잘게 갈라진다. 개화기까지 15cm 정도 자라나, 개화 후에는 30cm 정도 자란다. 꽃은 줄기 끝이나 분지된 가지 끝에 핀다. 꽃잎 길이 12~23mm, 너비 3~3.5mm로, 꽃 색깔은 노란색이지만 녹색을 띠거나 흰색을 띠며 피는 것도 있다. 열매는 수과로 5월에 결실한다. 원예 품종으로는 50여 품종이 있다.

- 원산지 / 한국, 중국 북부, 동부 시베리아, 일본, 우수리, 사할린
- 생활형 / 숙근성 다년초
- 개화기 / 3~4월
- 용도 / 분화용, 정원 화단용
- 햇빛 / 반광, 햇빛
- 온도 / 노지 월동, 16~25℃ 생육
- 관수 / 충분한 관수, 적습지
- 배양토 / 밭흙, 부엽, 모래는 4:4:2
- 번식 / 실생, 분주

1	2	3	4	5	6	7	8	9	10	11	12

▲ 봉선화

봉선화과

- 원산지 / 중국, 인도, 말레이시아
- 생활형 / 춘파 1년초
- 개화기 / 7~9월
- 용도 / 화단용
- 햇빛 / 충분한 햇빛
- 온도 / 종자로 월동, 16~30℃ 생육
- 관수 / 충분한 관수
- 배양토 / 배수 요함, 비옥한 사양토
- 번식 / 실생, 삽목

봉선화

학명 : *Impctiens balsamina* L.
영명 : Garcen Balsan

 높이 20~70cm. 줄기는 굵고 다즙질이며, 분지가 잘 된다. 줄기 아래의 잎은 대생, 윗부분의 잎은 호생하거나 윤생한다. 잎은 타원상 피침형으로, 길이 2.5~9cm이다. 꽃은 잎겨드랑이에서 피며, 지름 2.5~4.5cm, 꽃잎 두쪽에 긴 거(距)가 있다. 꽃 색깔에는 붉은색과 연분홍색, 흰색이 있다. 품종에는 겹꽃종이 있다.

1	2	3	4	5	6	7	8	9	10	11	12

▲ 부들

부들

학명 : *Typha latifolia* L.
영명 : Common Cat's Tail, Bulrush

　높이 1~1.5m. 잎은 길이 0.5~1.3m, 너비 1cm 정도로 두껍고 좁으며, 긴 선형, 납작하고 분백색을 띤다. 꽃은 잎 사이에서 굵은 줄기가 자라, 끝에 수상화서로 핫도그 모양의 원통형으로 달린다. 화서의 길이는 10~22cm로 붉은 갈색이 난다. 후에 완숙하면 긴 털과 함께 탈락하여 날아간다.

부들과

- 원산지 / 한국, 북반구 온대
- 생활형 / 숙근성 습지 다년초, 연못가, 물가 자생
- 개화기 / 7월
- 용도 / 수재 화단용, 절화용
- 햇빛 / 충분한 햇빛
- 온도 / 노지 월동, 10~25℃ 생육
- 관수 / 습지 또는 수생
- 배양토 / 비옥한 사양토
- 번식 / 분주

1	2	3	4	5	6	7	8	9	10	11	12

▲ 부레옥잠

물옥잠과

- 원산지 / 열대·아열대 아메리카
- 생활형 / 상록 수생 다년초
- 개화기 / 8~9월
- 용도 / 수조 수초용, 수재 화단용, 수질 정화용
- 햇빛 / 충분한 햇빛
- 온도 / 10~13℃ 월동, 16~30℃ 생육
- 관수 / 수상 부생 식물
- 배양토 / 필요 없음. 수상 재배
- 번식 / 분생묘 분주

부레옥잠 (부평초, 혹옥잠)

학명 : *Eichhornia crassipes* Solms-Laub.
영명 : Floating Water Hyacinth

　높이 20~30cm. 잔뿌리가 많이 내린다. 잎은 넓은 난상 타원형, 연녹색이고 광택이 난다. 잎 길이와 너비는 4~10cm, 잎자루는 혹 모양, 스펀지같이 부풀어 있다. 꽃은 다육질의 꽃대가 20~30cm 곧게 자라 끝 부분에서 총상화서로 연보랏빛 꽃이 핀다. 꽃잎은 6개, 지름 5cm 내외이며, 중앙부의 상부 잎 안쪽에는 코랏빛 바탕에 노란색 무늬가 있다. 수술은 6개, 이들 중 3개는 길다. 암술대는 길다.

1	2	3	4	5	6	7	8	9	10	11	12

▲ 부채붓꽃

부채붓꽃

학명 : *Iris setosa* Pallas

높이 30~50cm. 뿌리줄기는 섬유질로 싸여 있다. 잎은 길이 20~40cm, 너비 1~2cm, 검형으로 끝이 뾰족하다. 꽃대는 잎 가운데에서 30~70cm로 곧게 자라며, 분지하여 여러 개의 녹색 포가 자란다. 소포는 넓은 피침형, 길이 2~3cm, 꽃은 꽃대 끝에 2~3개씩 핀다. 꽃 색깔은 보랏빛이며, 외화피는 3개, 넓은 도란형으로 기부에는 흰색의 깃털무늬가 있다. 내화피는 길이 1cm로 난상 피침형이며, 외화피보다는 작고 직립한다.

1	2	3	4	5	6	7	8	9	10	11	12

붓꽃과

- 원산지 / 한국의 북부, 일본, 중국, 아무르, 우수리, 캄차카 반도, 동북 아시아
- 생활형 / 숙근성 다년초
- 개화기 / 5~7월
- 용도 / 화단용, 수재 화단용
- 햇빛 / 충분한 햇빛
- 온도 / 노지 월동, 16~30℃ 생육
- 관수 / 적습지, 충분한 관수
- 배양토 / 노지 재배. 밭흙, 부엽, 모래는 5:3:2
- 번식 / 분주

▲ 분꽃

분꽃과

- 원산지 / 열대 아메리카
- 생활형 / 춘파 1년초
- 개화기 / 7~9월
- 용도 / 화단용, 유전학 연구용
- 햇빛 / 충분한 햇빛
- 온도 / 종자 월동, 16~30℃ 생육
- 관수 / 보통 관수
- 배양토 / 배수 요함, 노지 화단
- 번식 / 실생

분꽃

학명 : *Mirabilis jalapa* L.
영명 : Four O'clock

  높이 60~100cm. 잎은 대생, 난형으로 끝이 뾰족하고, 진녹색이다. 꽃은 저녁에 피어 10시경이면 오므라든다. 꽃은 향기가 있고, 꽃 색깔은 노란색, 분홍색, 붉은색, 자분홍색, 흰색, 복색이다. 종자는 익으면 둥근 타원형으로 검은색이 난다. 길이 7~8mm, 백분질의 배유가 들어 있다.

1	2	3	4	5	6	7	8	9	10	11	12

분홍달맞이꽃

학명 : *Oenothera speciosa* Nutt.
영명 : White Evening Primrose, Mexican E. P.

높이는 30cm 정도 자라며 분지한다. 처음에는 로제트형으로 줄기가 자라며, 잎은 긴 타원상 피침형 또는 도피침형으로 녹색이다. 잎 가장자리에는 심한 파상의 톱니가 있다. 잎의 길이 2.5~5cm, 너비 1.5cm, 꽃 색깔은 처음에는 흰색으로 피었다가 나중에는 분홍색으로 변한다. 꽃의 지름은 2.5~6cm, 꽃잎은 4개, 분홍색 맥이 있다. 밤에 꽃이 피며, 많은 원예 품종이 있다.

바늘꽃과

- 원산지 / 미국 서남부, 멕시코
- 생활형 / 숙근성 다년초
- 개화기 / 5~9월
- 용도 / 화단용, 분화용
- 햇빛 / 충분한 햇빛
- 온도 / 5℃ 월동, 16~30℃ 생육
- 관수 / 보통 관수, 내건성
- 배양토 / 노지 재배. 밭흙, 부엽, 모래는 4:4:2
- 번식 / 실생

1	2	3	4	5	6	7	8	9	10	11	12

▲ 불꽃나리

수선화과

- 원산지 / 남아프리카 동남부
- 생활형 / 숙근성 다년초
- 개화기 / 5~9월
- 용도 / 화단용, 분화용, 절화용
- 햇빛 / 충분한 햇빛
- 온도 / 5℃ 월동, 16~30℃ 생육
- 관수 / 보통 관수, 내건성
- 배양토 / 온실 노지 재배. 밭흙, 부엽, 모래는 4:4:2
- 번식 / 실생, 분구

불꽃나리

학명 : *Cyrtanthus parviflorus* Bak.
(*Cyrtanthus brachyscyphus*)
영명 : Fire Lily

높이 20~40cm. 잎은 군생하며, 회록색이 난다. 꽃은 꽃대가 기부의 잎 사이에서 굵게 자라 끝에서 6~12개가 깔때기 모양으로 핀다. 꽃대 길이 15~25cm, 꽃잎 끝은 6갈래로 갈라진다. 꽃통의 기부는 좁고, 끝으로 가면서 넓어진다. 꽃의 길이는 3cm, 주홍색 꽃이 약간 아래로 늘어져 핀다. 품종에는 유백색 꽃도 있다.

1	2	3	4	5	6	7	8	9	10	11	12

▲ 불솔꽃

불솔꽃

학명 : *Haemanthus* König Albert
영명 : African Blood Lily

● 원산지 / 원예 교배 선발종
● 생활형 / 구근 다년초
● 개화기 / 7~8월
● 용도 / 분화용, 절화용
● 햇빛 / 반광
● 온도 / 구근은 5℃ 월동, 16~30℃ 생육
● 관수 / 보통 관수, 환기 요함
● 배양토 / 배수 요함. 밭흙, 부엽, 모래는 4:4:2
● 번식 / 분구

　높이 50~60cm. 위경(僞莖)은 20cm 정도, 구근은 지름이 7cm 정도 된다. 잎의 길이 20~30cm, 너비 10~13cm로 약간 넓고, 긴 타원형이며, 녹색이 난다. 잎 가장자리는 주름진 파상이고, 끝은 뾰족하며, 주맥은 연백녹색이 난다. 꽃은 꽃대가 60cm 정도 자라, 끝에서 공 모양의 산형화서로 주홍색 꽃이 핀다. 꽃의 지름은 15cm 정도 된다. 본종은 *Haemanthus katherinae*×*H. magnificus*의 교배에 의한 잡종 선발종이다.

| 1 | 2 | 3 | 4 | 5 | 6 | 7 | 8 | 9 | 10 | 11 | 12 |

▲ 불야성

- 원산지 / 남아프리카의 케이프 서남부
- 생활형 / 다육질 상록 다년초
- 개화기 / 7~8월
- 용도 / 화단용, 분화용, 절화용, 록 가든용
- 햇빛 / 충분한 햇빛
- 온도 / 8℃ 월동, 10~24℃ 생육
- 관수 / 보통 관수, 내건성
- 배양토 / 온실 노지 재배. 밭흙, 부엽, 모래는 2:3:5
- 번식 / 실생, 분주

불야성

학명 : *Aloe nobilis* Haw.
    (*A. mitriformis* var. *spinosior* Haw.)
영명 : Purple Crown, Gold Crown

줄기는 기부에서 많이 분지하여 군생한다. 잎은 다육질, 로제트상으로 자라고, 지름은 13~15cm이다. 잎은 잎자루가 없고, 기부가 넓으며, 삼각형 모양으로 좁아져서 끝은 뾰족하다. 잎 가장자리에는 황백색의 가시 같은 톱니가 있다. 꽃은 총상화서로 높이 50~80cm 자라며, 붉은색 꽃이 원뿔형으로 핀다. 꽃의 길이는 4cm, 꽃자루는 2.5~4cm이다. *Aloe arborescens* ×*A. mitriformis*의 교배종이다.

1	2	3	4	5	6	7	8	9	10	11	12

▲ 붉은꽃시계초

붉은꽃시계초

학명 : *Passiflora atropurpurea* Nichols.
영명 : Purple Passionflower

시계초과

- 원산지 / 원예 교배종
- 생활형 / 숙근성 다년초
- 개화기 / 7~9월
- 용도 / 분화용, 트렐리스용, 실내 식물용, 철책 울타리용
- 햇빛 / 충분한 햇빛
- 온도 / 0℃ 월동, 16~30℃ 생육
- 관수 / 보통 관수, 내건성
- 배양토 / 노지 재배. 밭흙, 부엽, 모래는 4:4:2
- 번식 / 실생, 삽목

　꽃의 지름은 7.5cm, 꽃잎은 안쪽이 자줏빛이 난다. 부화관의 사상체는 흰색, 기부는 어두운 자줏빛이 난다. 수술대는 한 줄기가 자라 중간쯤에서 수평으로 다섯 갈래로 오각으로 벌어지며, 암술은 수술보다 더 높게 자라 세 갈래로 갈라진다. *Passiflora racemosa* × *P. kermesina*의 교배종으로 추정한다.

1	2	3	4	5	6	7	8	9	10	11	12

▲ 브루네라 마크로필라

지치과

- 원산지 / 서부 시베리아, 카프카스, 동부 유럽
- 생활형 / 숙근성 다년초
- 개화기 / 5~7월
- 용도 / 화단용, 공원용
- 햇빛 / 충분한 햇빛
- 온도 / 노지 월동, 16~30℃ 생육
- 관수 / 보통 관수
- 배양토 / 노지 재배, 배수 요함
- 번식 / 실생, 분주

브루네라 마크로필라

학명 : *Brunnera macrophylla* (Adams) I. M. Johnst.
영명 : Siberian Bugloss

　높이 45cm, 포기 너비 60cm 정도. 잎은 근출엽으로 긴 잎자루가 있고, 녹색, 둥근 심장형이며, 끝이 뾰족하다. 잎의 길이 5~20cm, 너비 7~15cm이다. 꽃은 잎의 기부에서 가는 꽃대가 45cm 정도 자라며, 푸른색 또는 흰색의 작은 꽃이 원추화서로 많이 핀다. 꽃의 지름은 6~8mm이며, 원예 품종으로는 무늬종이 있다.

1	2	3	4	5	6	7	8	9	10	11	12

▲ 브리세아 애니(*Vriesea* 'Annie')

브리세아 애니

학명 : *Vriesea* 'Annie'

　높이 25～35cm. 중형종이다. 잎은 길이 25～35cm, 너비 3～4cm로, 15～25개의 잎이 로제트상으로 자란다. 꽃대는 포기 가운데에서 꽃대가 직립하며, 복수상화서로 7～8개가 분지한다. 포편은 기부에 1～2개, 주홍색이 나며, 윗부분은 밝은 노란색이다.

파인애플과

- 원산지 / 원예 교배종
- 생활형 / 착생 상록 다년초
- 개화기 / 영양 생장 후 개화
- 용도 / 관상용, 실내 조경용, 분화용, 화훼 장식용
- 햇빛 / 반광
- 온도 / 8℃ 월동, 19～27℃ 생육
- 관수 / 보통 관수, 약간 다습
- 배양토 / 수태 식재. 피트모스, 펄라이트는 7:3
- 번식 / 흡지 분주

1	2	3	4	5	6	7	8	9	10	11	12

▲ 블루 데이지

국화과

- 원산지 / 남아프리카
- 생활형 / 1년초
- 개화기 / 8∼10월
- 용도 / 화단용, 절화용
- 햇빛 / 충분한 햇빛
- 온도 / 3∼5℃ 월동, 13∼ 25℃ 생육
- 관수 / 충분한 관수
- 배양토 / 배수 요함, 사양 토. 밭흙, 부엽, 모래는 4:4:2
- 번식 / 실생, 삽목

블루 데이지

학명 : *Felicia amelloides* Voss.
영명 : Blue Daisy

　높이와 포기 너비는 각각 30∼60cm. 원산지에서는 반관목상의 다년초로. 잎은 난형 내지는 도란형으로 진녹색이 나며, 길이는 3cm 정도 된다. 꽃은 두상화로, 설상화는 선명한 청자색이 나며, 화심은 노란색이 난다. 꽃의 지름은 3∼4cm로 귀엽게 핀다. 원예 품종으로는 무늬종과 왜성종이 있으며, 연푸른색과 흰색 꽃이 피는 품종이 있다. 가을에 파종하면 봄에 꽃이 핀다.

1	2	3	4	5	6	7	8	9	10	11	12

▲ 비덴스 후밀리스

비덴스 후밀리스

학명 : *Bidens humilis* H. B. K.
〔*B. triplinervia* H. B. K. var. *macrantha* (Wedd.) Sherff.〕

　높이 30~45cm. 줄기는 분지한다. 잎은 대생, 새의 깃 모양으로 잘게 갈라지며, 진녹색이 난다. 꽃은 줄기 끝의 꽃대가 자라 끝에서 두상화로 피며, 설상화는 노란색이 난다. 두상화는 지름이 3cm 정도 되며, 화심은 등황색이 난다. 원예 품종으로는 고성종과 왜성종이 있으며, 홑꽃과 겹꽃이 피는 품종이 있다.

| 1 | 2 | 3 | 4 | 5 | 6 | 7 | 8 | 9 | 10 | 11 | 12 |

국화과

- 원산지 / 멕시코 남부~칠레
- 생활형 / 1년초
- 개화기 / 8~10월
- 용도 / 화단용, 컨테이너용, 바스켓용
- 햇빛 / 충분한 햇빛
- 온도 / 16~30℃ 생육
- 관수 / 보통 관수
- 배양토 / 배수 요함, 사양토. 밭흙, 부엽, 모래는 4:4:2
- 번식 / 실생

▲ 뻐꾹채　　　　　　　　　　　▲ 꽃

국화과

- ●원산지 / 한국, 중국, 몽골, 아무르, 우수리, 시베리아
- ●생활형 / 숙근성 다년초
- ●개화기 / 5~9월
- ●용도 / 화단용, 절화용, 식용(어린 잎)
- ●햇빛 / 충분한 햇빛
- ●온도 / 노지 월동, 16~30℃ 생육
- ●관수 / 보통 관수
- ●배양토 / 노지 화단 재배. 밭흙, 부엽, 모래는 5:3:2
- ●번식 / 실생

뻐꾹채

학명 : *Rhaponticum uniflorum* De Candolle

　줄기는 외대로 70~100cm, 곧게 자라고, 회록색이 나며, 털이 밀생한다. 잎은 긴 타원형, 끝이 둔하고, 길이 15~50cm, 6~8쌍이 새의 깃 모양으로 깊게 갈라진다. 잎 가장자리에는 불규칙한 톱니가 있다. 잎 색깔은 회록색이고, 근생엽은 잎자루가 길고 총생하며, 경엽은 작다. 꽃은 줄기 끝에 1개가 두상화로 피며, 자홍색 꽃이 핀다. 꽃의 지름은 6~9cm, 총포는 반구형이며, 6줄로 배열된다. 열매는 수과이다.

1	2	3	4	5	6	7	8	9	10	11	12

▲ 사라세니아 푸르프레아   ▲ 꽃

사라세니아 푸르프레아

학명 : *Sarracenia purprea* L.
영명 : Common Pitcher Plant, Purple Side-saddle
Plant, Huntsman's Cup

높이 10~50cm, 포기 너비 1m 정도. 잎은 통형, 길이가 짧고 통통하며, 한 뿌리에서 5~6개가 모여 자란다. 통 윗부분에는 넓은 날개가 있으며, 비스듬히 누워서 자란다. 통 지름은 3~7cm, 녹색 바탕에 붉은 적자색의 세로맥 무늬가 있다. 꽃은 잎 사이에서 긴 꽃대가 자라 지름 5cm 정도 되는 꽃이 핀다. 꽃 색깔은 암홍자색, 또는 분홍색 내지는 암적색, 때로는 노란색으로 핀다. 대개는 겉면은 자주색이 나고, 안쪽은 진녹색이 난다

| 1 | 2 | 3 | 4 | 5 | 6 | 7 | 8 | 9 | 10 | 11 | 12 |

사라세니아과

- 원산지 / 캐나다 래브라도, 뉴펀들랜드, 매니토바, 미국의 플로리다, 앨라배마, 루이지애나, 뉴저지
- 생활형 / 숙근성 다년초
- 개화기 / 5~7월
- 용도 / 관화 분식용, 교육용
- 햇빛 / 충분한 햇빛, 반광
- 온도 / 3℃ 월동, 10~23℃ 생육
- 관수 / 충분한 관수, 내습생, 공중 습도는 다습 요함
- 배양토 / 수태 식재
- 번식 / 실생, 분주

▲ 사랑초

괭이밥과

- 원산지 / 아열대 지방
- 생활형 / 상록 다년초
- 개화기 / 5~7월
- 용도 / 화분용, 화단용
- 햇빛 / 충분한 햇빛
- 온도 / 8℃ 이상 월동, 16~ 30℃ 생육
- 관수 / 건조한 듯하게 관수
- 배양토 / 배수 요함. 밭흙, 부엽, 모래는 4:3:3
- 번식 / 분구

사랑초

학명 : *Oxalis triangularis* subsp. *papilionacea* Hoff. ex Zucc.

영명 : Red Leaf Oxalis

　높이 15~20cm. 구근은 연어살 색깔이 나고, 물 저장근이 있으며, 길이는 2.5cm로 길쭉하다. 잎은 긴 잎자루 끝에 클로버 모양의 잎이 3개로 갈라져 있으며, 검붉은색이 난다. 잎맥은 진붉은색이 나며, 소엽은 길이 4~5cm, 너비 5.5~6cm이다. 꽃은 기부로부터 긴 꽃대가 자라 4~7개의 꽃이 산형으로 연분홍색으로 핀다.

1	2	3	4	5	6	7	8	9	10	11	12

▲ 산괴불주머니

산괴불주머니

학명 : *Corydalis speciosa* Maxim.

높이 50cm 정도. 줄기는 곧게 자라며 분지한다. 줄기는 분녹색, 속은 비어 있다. 잎은 호생, 2회 우상 복엽으로 갈라지며, 갈라진 잎은 선상 긴 타원형으로 길이 10~15cm, 너비 4~6cm, 끝이 뾰족하다. 꽃은 가지나 줄기 끝에서 총상화서로 여러 개의 꽃이 피며, 포는 난상 피침형이다. 꽃의 길이는 2cm로, 순형의 노란색 꽃이 한쪽을 향해 핀다. 꽃에는 거가 있으며, 수술은 6개이다. 열매는 삭과로, 염주상의 긴 꼬투리 모양이다.

현호색과

- 원산지 / 한국, 일본, 중국, 동부 시베리아
- 생활형 / 2년초
- 개화기 / 4~6월
- 용도 / 정원용, 화단용, 분화용
- 햇빛 / 충분한 햇빛
- 온도 / 노지 월동, 16~25℃ 생육, 환기 요함
- 관수 / 보통 관수
- 배양토 / 배수 요함, 노지 재배. 밭흙, 부엽, 모래는 5:3:2
- 번식 / 실생, 분주

| 1 | 2 | 3 | 4 | 5 | 6 | 7 | 8 | 9 | 10 | 11 | 12 |

▲ 산더소니아

백합과

- 원산지 / 남아프리카
- 생활형 / 숙근성 구근 다년초
- 개화기 / 6~7월
- 용도 / 절화용, 분화용
- 햇빛 / 충분한 햇빛
- 온도 / 15~27℃ 생육, 환기 요함
- 관수 / 과습에 약함, 내건성 강함, 생장기 2~3일 1회 관수, 겨울 건조 관리
- 배양토 / 밭흙, 부엽, 모래는 3:4:3
- 번식 / 분구(추, 동), 실생

산더소니아

학명 : *Sandersonia aurantiaca* Hook.
영명 : Chinese Lartern Lily

  높이 45~75cm. 줄기는 가늘며 곧게 자란다. 덩이줄기는 손가락 모양, 겨울에는 휴면한다. 잎은 호생, 잎자루가 없고 피침형이다. 꽃은 줄기 윗부분의 잎겨드랑이에서 호리병 모양으로 늘어져 1주일 정도 피었다가 진다. 꽃 색깔은 노란색이다. 꽃자루는 2~3cm, 꽃의 길이 2.5cm, 너비 3cm로, 꽃통 입구의 지름은 1.5cm이다. 수술은 6개, 씨방은 상위, 암술머리는 3갈래로 갈라진다. 열매는 삭과로, 종자는 둥글다. 파종 후 개화까지는 3년이 걸린다.

1	2	3	4	5	6	7	8	9	10	11	12

▲ 산비탈리아

산비탈리아

학명 : *Sanvitalia procumbens* Lam.
영명 : Creeping Zinnia

　높이 20cm, 포기 너비 45cm 정도. 잎은 대생, 길이 6cm로 녹색이 나고, 넓은 타원형에 끝은 뾰족하다. 꽃은 가지 끝에서 1개씩 두상화로 피며, 지름은 2cm 정도 된다. 설상화는 밝은 노란색이 나며, 화심은 검은 갈색이 난다. 원예 품종으로는 겹꽃종과 왜성종이 있다. 꽃 색깔은 붉은 오렌지색 또는 암자홍색이며, 노란색으로 피는 것도 있다.

국화과

- 원산지 / 멕시코, 과테말라
- 생활형 / 포복성 1년초
- 개화기 / 7~10월
- 용도 / 화단용, 컨테이너용, 록 가든용, 모전 화단용
- 햇빛 / 충분한 햇빛
- 온도 / 16~35℃ 생육
- 관수 / 보통 관수
- 배양토 / 노지 화단, 배수 요함. 밭흙, 부엽, 모래는 4:4:2
- 번식 / 실생

1	2	3	4	5	6	7	8	9	10	11	12

▲ 산호꽃

쥐꼬리망초과

- 원산지 / 브라질
- 생활형 / 초본상 상록 관목 · 관화 식물
- 개화기 / 7~9월
- 용도 / 분화용
- 햇빛 / 반광
- 온도 / 5~8℃ 월동, 16~23℃ 생육
- 관수 / 충분한 관수
- 배양토 / 밭흙, 부엽, 모래는 4:4:2
- 번식 / 삽목

산호꽃

학명 : *Jacobinia carnea* Nichols
영명 : Flamingo Flower, Brazilian Plume

높이 1m 이상. 가디는 짧고 통통하며, 가지는 분지된다. 잎은 대생, 짧은 잎자루가 있다. 잎은 난상 타원형으로 연녹색이 나며, 잎 가장자리는 약간 파상에 잔 톱니가 있고, 끝은 뾰족하다. 잎의 길이는 10~18cm, 잎자루는 2~3cm로 붉은 갈색이 난다. 잎 뒷면은 연한 가지색이 난다. 꽃은 수상화서로 여러 개의 붉은 산호색 꽃이 통꽃으로 위아래로 갈라져 핀다. 꽃잎의 길이는 5cm 정도이다.

1	2	3	4	5	6	7	8	9	10	11	12

▲ 삼색나팔꽃

삼색나팔꽃

학명 : *Convolvulus tricolor* L.
영명 : Dwarf Blue Morning Glory

메꽃과

높이 15~30cm, 포기 너비 60cm 정도. 많이 분지하고 털로 덮여 있다. 잎은 도란형으로 작고, 잎자루에 날개 모양의 잎이 연장되어 좁아진다. 잎의 길이 5cm, 너비 2cm 정도 된다. 꽃은 잎겨드랑이에서 긴 꽃대가 자라 나팔꽃 모양의 3색으로 꽃잎 가장자리에는 청보라색, 중간에는 흰색, 중심부에는 노란색이 나며, 지름은 5~6cm이다. 원예 품종으로는 꽃 색깔이 붉은색, 분홍색, 자주색, 흰색, 암청색 등이 있다. 이식이 어려우므로 직파한다.

- 원산지 / 유럽 남서부
- 생활형 / 춘파 1년초
- 개화기 / 7~8월
- 용도 / 분화용, 록 가든용
- 햇빛 / 충분한 햇빛
- 온도 / 16~30℃ 생육
- 관수 / 보통 관수
- 배양토 / 석회 요함, 노지 재배. 밭흙, 부엽, 모래는 5:3:2
- 번식 / 실생, 직파

1	2	3	4	5	6	7	8	9	10	11	12

▲ 삼잎국화

▲ 겹꽃삼잎국화

국화과

- 원산지 / 캐나다의 퀘벡 주, 미국의 플로리다 주, 애리조나 주
- 생활형 / 숙근성 다년초
- 개화기 / 7~10월
- 용도 / 화단용, 식용
- 햇빛 / 충분한 햇빛
- 온도 / 노지 월동, 16~30℃ 생육
- 관수 / 보통 관수
- 배양토 / 배수 요함, 비옥한 토양
- 번식 / 실생, 분주(겹꽃종)

삼잎국화

학명 : *Rudbeckia laciniata* L.
영명 : Cut Leaf Cornflower

높이 60~200cm. 줄기는 백록색, 윗부분에서 분지한다. 잎은 호생, 근생엽은 5~7갈래로, 경엽은 3~5갈래로 갈라진다. 꽃은 두상화서로 줄기나 가지 끝에 1~9개의 노란색 홑꽃이 핀다. 화심은 황록색이 난다. 변종으로 겹꽃삼잎국화(*Rudbeckia laciniata* L. var. *hortensis* Bailey)가 있는데, 키다리노랑꽃이라고도 한다.

1	2	3	4	5	6	7	8	9	10	11	12

▲ 상사화

상사화

학명 : *Lycoris squamigera* Maxim.
영명 : Magic Lily, Hardy Cluster Amaryllis

비늘줄기를 가진 구근 식물이다. 잎은 검형, 10여 개가 비늘줄기에서 마주난다. 잎 색깔은 녹색, 3월부터 싹이 자라기 시작한다. 꽃은 잎이 시들어 죽은 뒤 7월 하순~8월에 개화한다. 꽃대는 높이 40~60cm, 속이 비어 있고, 끝에서 4~8개의 꽃이 비스듬히 하늘을 향해 산형화서로 핀다. 꽃 색깔은 등자홍색 또는 연자분홍색이며, 꽃잎은 6개로 갈라져 있다.

수선화과

- 원산지 / 일본
- 생활형 / 구근 숙근초화
- 개화기 / 7~8월
- 용도 / 화단용, 절화용
- 햇빛 / 보통 햇빛
- 온도 / 구근 월동, 10~21℃ 생육, 21~25℃ 개화
- 관수 / 보통 관수
- 배양토 / 노지 화단
- 번식 / 분구

| 1 | 2 | 3 | 4 | 5 | 6 | 7 | 8 | 9 | 10 | 11 | 12 |

▲ 새우란

난초과

- 원산지 / 유럽, 아시아 서부
- 생활형 / 숙근성 다년초
- 개화기 / 4~5월
- 용도 / 화단용, 분화용
- 햇빛 / 반광
- 온도 / −5℃ 월동, 10~23℃ 생육
- 관수 / 보통 관수
- 배양토 / 마사
- 번식 / 분주

새우란

학명 : *Calanthe discolor* Lindl.
영명 : Calanthe, Korean Calanthe, Evergreen Calanthe

　높이 30~50cm. 땅속줄기는 굵고 짧다. 잎은 2~3개, 도란상 긴 타원형, 잎 끝은 뾰족하다. 잎의 길이 15~20cm, 너비 4~6cm로 세로맥이 있다. 꽃대는 20~50cm, 꽃은 끝 부분에서 8~13개가 총상화서로 핀다. 꽃 색깔은 연갈색 또는 진갈색이며, 5~10mm 되는 거(距)가 있다.

1	2	3	4	5	6	7	8	9	10	11	12

▲ 색비름(홍엽종)　　　　　　　▲ 색비름

색비름

학명 : *Amaranthus tricolor* L.
영명 : Joseph's Coat Amaranth

비름과

　높이 1~2m. 줄기는 외대로 자라며, 털이 없다. 잎은 줄기에 조밀하게 방사상으로 돌려나며, 처음에 자라는 잎은 녹색이지만 8월 이후 줄기 끝 윗부분의 잎은 노란색과 진홍색, 연홍색, 선홍색, 붉은색의 무늬가 들어 있어서 꽃처럼 아름답다. 꽃은 녹색, 작으며, 잎겨드랑이에서 공 모양으로 군생한다.

- ●원산지 / 열대 아시아
- ●생활형 / 1년초
- ●개화기 / 7~8월
- ●용도 / 화단용, 분화용, 색채 화단용
- ●햇빛 / 충분한 햇빛
- ●온도 / 16~30℃ 생육
- ●관수 / 보통 관수
- ●배양토 / 비옥한 사양토. 밭흙, 부엽, 모래는 5:3:2
- ●번식 / 실생

| 1 | 2 | 3 | 4 | 5 | 6 | 7 | 8 | 9 | 10 | 11 | 12 |

▲ 샐비어

샐비어

학명 : *Salvia splendens* F. Sellow ex Roem. et Schult.
영명 : Scarlet Sage, Salvia

- 원산지 / 브라질
- 생활형 / 춘파 1년초
- 개화기 / 6~9월
- 용도 / 화단용, 컨테이너용
- 햇빛 / 충분한 햇빛
- 온도 / 16~30℃ 생육
- 관수 / 보통 관수
- 배양토 / 부식질이 있는 노지 화단
- 번식 / 실생

높이 1~1.3m. 줄기는 네모나고, 가지는 분지한다. 잎은 대생, 잎자루가 있고 호생한다. 잎의 길이는 5~9cm로 난형 내지는 넓은 난형이며, 끝은 뾰족하다. 잎은 녹색, 톱니가 있다. 꽃은 총상화서로 주홍색 꽃이 핀다. 화서의 길이는 15cm 정도 되며, 약 30개의 꽃이 달린다. 많은 원예 품종이 있으며, 흰색, 보라색 꽃도 있다. 꿀을 빨아먹기도 한다.

| 1 | 2 | 3 | 4 | 5 | 6 | 7 | 8 | 9 | 10 | 11 | 12 |

▲ 샐비어 네모로사

샐비어 네모로사

학명 : *Salvia nemorosa* (L.) Mottet

높이 90~120cm, 포기 너비 60cm 정도. 줄기는 사각이 지고 직립성이며 분지한다. 잎은 대생, 난상 긴 타원형으로 연녹색이며, 길이 10cm 정도 된다. 잎 가장자리에는 둔한 톱니가 있고, 약간 파상이며, 잎 끝은 둔하게 뽀족하다. 주맥은 유백색, 그물맥은 골이 져 있다. 꽃은 총상화서로 줄기 끝에서 보라색 또는 연보라색, 자홍색, 흰색, 분홍색으로 피며, 보라색 내지는 자홍색의 포(苞)가 있다. 많은 원예 품종이 있다. *Salvia sylvestris* × *Salvia vilicaulis*의 교배종이다.

꿀풀과

- 원산지 / 유럽, 중앙 아시아
- 생활형 / 1년초
- 개화기 / 6~9월
- 용도 / 화단용, 컨테이너용, 정원용, 분화용
- 햇빛 / 충분한 햇빛
- 온도 / 16~30℃ 생육
- 관수 / 보통 관수, 내건성
- 배양토 / 비옥한 사양토, 노지 화단, 배수 요함
- 번식 / 실생

1	2	3	4	5	6	7	8	9	10	11	12

▲ 샤스타 데이지(*Chrysanthemum burbankii*)　　　　▲ 알래스카('Alaska')

국화과

- ●원산지 / 유럽~서부 아시아 원산종의 원예 교잡종
- ●생활형 / 숙근성 다년초
- ●개화기 / 6월
- ●용도 / 화단용, 절화용
- ●햇빛 / 충분한 햇빛
- ●온도 / 노지 월동, 16~30℃ 생육
- ●관수 / 보통 관수
- ●배양토 / 배수 요함, 사양토
- ●번식 / 실생, 삽목, 분주

샤스타 데이지

학명 : *Chrysanthemum burbankii* Makino
　　　(*C. mcximum* Ram. × *C. superbum* Bergmans)
영명 : Shasta Daisy

　높이 50~90cm. 줄기는 외대로 직립한다. 처음에는 근생엽이 자라고, 뒤에는 줄기가 자란다. 잎은 호생, 잎자루가 없으며, 길이 15cm, 너비 1~3cm의 긴 타원형으로 톱니가 있다. 꽃은 줄기 끝에서 1개씩 두상화로 피며, 지름은 5~10cm이다. 설상화는 흰색이 나며, 화심은 진황색이 난다.

1	2	3	4	5	6	7	8	9	10	11	12

▲ 파고다 (‘Pagoda’)　　　　▲ 매카나스 자이언트 (‘Mackanas Giant’) 서양매발톱꽃

서양매발톱꽃

학명 : *Aquilegia hybrida* Hort. cv.

미나리아재비과

- 원산지 / 원예 교잡종
- 생활형 / 숙근성 다년초
- 개화기 / 4~5월
- 용도 / 화단용
- 햇빛 / 충분한 햇빛
- 온도 / 노지 월동, 16~30℃ 생육
- 관수 / 충분한 관수
- 배양토 / 노지 화단 재배. 밭흙, 부엽, 모래는 5:3:2
- 번식 / 분주, 실생은 퇴화됨

　높이 10~90cm. 꽃은 외판과 내판이 각각 5개인데, 외판은 내판보다 길고 뾰족하며, 내판은 짧고 둥글다. 수술은 노란색이 나며, 각 꽃잎에는 거가 있고, 끝으로 갈수록 가늘어진다. 꽃 색깔은 붉은색, 흰색, 노란색, 분홍색, 자주색, 보라색이다. 흰색 꽃이 가장 크며, 꽃 색깔이 진할수록 작아지는 경향이 있다. 많은 원예 품종이 있다. *Aquilegia caerulea*와 *A. canadensis*, *A. chrysantha*의 교잡종이다.

1	2	3	4	5	6	7	8	9	10	11	12

▲ 석산

수선화과

- 원산지 / 중국, 일본
- 생활형 / 구근 다년초
- 개화기 / 9~10월
- 용도 / 분화용, 화단용
- 햇빛 / 충분한 햇빛
- 온도 / 5℃ 월동, 10~25℃ 생육
- 관수 / 보통 관수
- 배양토 / 배수 양호. 밭흙, 부엽, 모래는 5:3:2
- 번식 / 분구

석산 (꽃무릇)

학명 : *Lycoris radiata* (L'Hérit.) Herb.
영명 : Red Spider Lily

　높이 30~50cm. 비늘줄기를 가진 유독성 식물이다. 구근 지름은 2.5~4cm이다. 잎은 개화 후 5~6개가 선형으로 자라며, 길이 30~40cm, 너비 6~10mm로, 9~10월에 말라 죽으면서 꽃대가 30~50cm 정도 자라 꽃대 끝에서 산형으로 4~12개의 꽃이 윤생하여 핀다. 꽃 색깔은 진홍색, 수술은 6개로 꽃잎보다 길게 자라 돌출한다.

1	2	3	4	5	6	7	8	9	10	11	12

▲ 설악초

설악초

학명 : *Euphorbia marginata* Pursh
영명 : Snow-on-the-mountain, Ghost-weed

높이 60~100cm. 줄기는 직립, 윗부분에서 분지한다. 잎은 대생, 잎자루가 없으며, 난형 또는 도란형으로 연녹색이 나고, 길이는 5~8cm이다. 가지 끝 부분에서 나는 포엽은 녹색 바탕에 흰색의 테무늬가 있어서 꽃과 같은 느낌으로 관상한다. 꽃은 가지 끝에서 산형으로 작은 녹백색의 꽃이 핀다. 열매는 삭과로, 9월에 터져서 날아 흩어진다. 종자 빛깔은 백황색이다.

1	2	3	4	5	6	7	8	9	10	11	12

- 원산지 / 미국의 텍사스, 미네소타, 콜로라도
- 생활형 / 춘파 1년초
- 개화기 / 9~10월
- 용도 / 분화용, 화단용, 절화용
- 햇빛 / 충분한 햇빛
- 온도 / 종자 월동, 16~30℃ 생육
- 관수 / 보통 관수
- 배양토 / 배수 양호. 밭흙, 부엽, 모래는 5:3:2
- 번식 / 실생

▲ 세로페기아 산더소니

박주가리과

- 원산지 / 모잠비크~나탈
- 생활형 / 덩굴성 상록 다육 식물
- 개화기 / 7~8월
- 용도 / 분화용, 화훼 장식용
- 햇빛 / 반광
- 온도 / 5℃ 월동, 16~30℃ 생육
- 관수 / 보통 관수, 내건성
- 배양토 / 배수 양호. 밭흙, 부엽, 모래는 3:5:2
- 번식 / 실생, 삽목

세로페기아 산더소니

학명 : *Ceropegia sandersonii* Hook. f.
영명 : Fountain Flower, Parachute Plant, Umbrella Flower

　덩굴줄기 120~140cm, 포기 너비 60cm 정도. 짙은 녹색으로 다른 물체를 감고 자란다. 잎은 대생, 짧은 잎자루가 있으며, 난상 심장형, 길이 4~5cm, 진녹색이고 두꺼운 육질이다. 꽃은 지름이 2.5cm, 짧은 꽃자루가 자라 꽃받침 덮개 모양같이 우산처럼 가리고, 연한 녹색 바탕에 녹색 점무늬가 있다. 꽃잎은 다섯 갈래로 갈라지며, 갈라진 잎은 도란형으로 별무늬 모양과 같이 도드라지고 털이 있다.

| 1 | 2 | 3 | 4 | 5 | 6 | 7 | 8 | 9 | 10 | 11 | 12 |

▲ 센토레아　　　　　　　　　　　　▲ 분홍색 꽃과 자주색 꽃

센토레아

학명 : *Centaurea cyanus* L
영명 : Cornflower, Bluebottle, Bachelor's Button

높이 30~90cm. 줄기는 곧게 자라며 분지하고, 흰색의 솜털이 있다. 잎은 호생, 줄기 아랫잎은 도란상 피침형이고, 새의 깃 모양으로 갈라지며, 줄기 윗잎은 선상 피침형으로 톱니가 없거나 약간 있다. 길이는 10~20cm로, 잎 뒷면에는 솜털이 있다. 꽃은 줄기 끝에 두상화로 1개씩 피며, 지름은 3~5cm이다. 꽃 색깔은 남청색, 진분홍색, 흰색, 자주색, 홍색으로 개화한다.

| 1 | 2 | 3 | 4 | 5 | 6 | 7 | 8 | 9 | 10 | 11 | 12 |

국화과

- 원산지 / 지중해 연안의 유럽 동남부와 소아시아
- 생활형 / 춘파 1년초
- 개화기 / 5~6월
- 용도 / 화단용, 절화용
- 햇빛 / 충분한 햇빛
- 온도 / 15~25℃ 생육
- 관수 / 보통 관수
- 배양토 / 배수 요함, 노지 재배
- 번식 / 실생

▲ 셈퍼플로렌스 베고니아　　　　　　　▲ 흰색 꽃

베고니아과

- 원산지 / 브라질
- 생활형 / 온실 상록 다년초
- 개화기 / 5~9월
- 용도 / 화단용, 토피어리용, 화훼 장식용
- 햇빛 / 보통 햇빛
- 온도 / 10℃ 월동, 16~30℃ 생육
- 관수 / 보통 관수, 환기 요함
- 배양토 / 배수 요함, 비옥토, 밭흙, 부엽, 모래는 4:4:2
- 번식 / 실생, 삽목

셈퍼플로렌스 베고니아

학명 : *Begonia semperflorens* Link. et Otto
영명 : Perpetual Begonia

　높이 15~45cm. 줄기는 직립, 분지하고, 다즙질이다. 잎은 적동색, 난형 내지는 넓은 난형으로, 길이 5~10cm, 잎 가장자리에는 톱니가 있다. 잎 앞면은 광택이 나고 녹색을 띠며, 주맥은 붉은색을 띤다. 꽃은 액생하며, 연붉은색, 분홍색, 흰색으로 핀다. 수꽃은 지름이 2.5cm, 꽃잎은 4개이며, 암꽃은 수꽃보다 작고, 꽃잎은 5개이다. 많은 원예 품종이 있다.

1	2	3	4	5	6	7	8	9	10	11	12

▲ 앙코르 핑크 ('Encore Pink')

▲ 세너터 로즈 ('Senator Rose')

▲ 참 핑크 ('Charm Pink')

▲ 브론즈 리프 핑크 ('Bronze Leaf Pink')

▲ 소코트라 용담

용담과

- ●원산지 / 아프리카 동단 소코트라 섬
- ●생활형 / 2년초
- ●개화기 / 7~10월
- ●용도 / 분화용
- ●햇빛 / 반그늘
- ●온도 / 8~10℃ 월동, 16~ 30℃ 생육
- ●관수 / 충분한 관수, 공중 습도는 다습
- ●배양토 / 배수 요함, 노지 재배
- ●번식 / 실생

소코트라 용담

학명 : *Exacum affine* Balff.
영명 : German Violet, Persian Violet

　높이와 너비 각각 23~30cm. 줄기는 분지하며 총생한다. 줄기는 네모나고, 잎은 타원형, 광택이 난다. 잎의 길이는 3cm 정도, 꽃 색깔은 푸른 보라색으로 향기가 난다. 꽃 지름은 2cm 정도, 꽃밥〔葯〕은 노란색이 난다. 원예 품종으로는 로즈 핑크색 또는 흰색 꽃이 핀다.

1	2	3	4	5	6	7	8	9	10	11	12

▲ 소프워트

소프워트 (비누풀)

학명 : *Saponaria officinalis* L.
영명 : Soapwort, Bouncing Bet

높이 20~60cm. 줄기는 직립, 잎은 대생하거나 윤생하며, 난상 타원형 또는 긴 타원형에 끝은 뾰족하다. 꽃은 줄기 윗부분의 잎겨드랑이에서 피며, 꽃색깔은 흰색, 분홍색이다. 꽃잎은 도란형, 끝이 다섯 갈래로 갈라지며, 갈라진 꽃잎 끝은 오목하게 들어가 있다. 꽃잎은 수평으로 활짝 핀다. 꽃받침은 긴 통형으로 녹색이 난다. 열매는 삭과로, 끝이 네 갈래로 갈라진다.

- ● 원산지 / 유럽, 서부 아시아
- ● 생활형 / 숙근성 다년초
- ● 개화기 / 7~9월
- ● 용도 / 허브용, 화단용, 절화용, 약용, 소독제용
- ● 햇빛 / 충분한 햇빛
- ● 온도 / 16~30℃ 생육
- ● 관수 / 보통 관수
- ● 배양토 / 밭흙, 부엽, 모래 는 5:3:2
- ● 번식 / 실생, 삽목, 분주

1	2	3	4	5	6	7	8	9	10	11	12

▲ 솔방울생강꽃　　　　　　　　　　　　▲ 솔방울생강꽃(미숙)

생강과

- 원산지 / 인도, 말레이시아
- 생활형 / 상록 다년초
- 개화기 / 7~8월
- 용도 / 향신료와 식용(뿌리줄기), 절화용, 관상용
- 햇빛 / 반광
- 온도 / 7~8℃ 월동, 13~35℃ 생육
- 관수 / 충분한 관수, 약간 다습
- 배양토 / 온실 노지, 배수 요함. 밭흙, 부엽, 모래는 2:5:3
- 번식 / 뿌리줄기 분주

솔방울생강꽃

학명 : *Zingiber zerumbet* (L.) Smith
영명 : Bitter Ginger

　높이 30~200cm. 뿌리줄기는 곧게 자란다. 잎은 호생, 잎자루는 줄기를 감싸고 있다. 잎의 길이 15~40cm, 너비 4~3cm로, 뒷면에는 털이 있다. 꽃은 꽃대가 뿌리줄기에서 20~30cm 크기로 자라며, 화서의 길이가 5~10cm 크기의 긴 솔방울 모양 화서가 원통형을 이룬다. 포는 녹색이지만 노란색으로 변하며, 뒤에는 붉은색으로 변한다. 꽃은 흰색이지만 뒤에 연황색으로 변하며, 순판은 흰색이 난다. 열매는 삭과로, 긴 타원형이다.

1	2	3	4	5	6	7	8	9	10	11	12

▲ 솔붓꽃

솔붓꽃

학명 : *Iris ruthenica* Ker-Gawl.

높이 30cm. 뿌리줄기는 옆으로 뻗으며, 잎은 비스듬히 자란다. 잎은 길이 15cm, 너비 4mm로 선형이며, 개화 후에 30cm 정도 자란다. 꽃 색깔은 보라색이며, 꽃대는 짧다. 꽃잎은 내화피와 외화피가 각각 3개씩이며, 내화피는 작다. 붓꽃과 유사하나, 각시붓꽃은 화관의 길이가 5~7cm이지만 솔붓꽃은 1~2cm가 된다. 옛날에는 뿌리로 솔을 만들어 사용하였다고 하여 '솔붓꽃' 이라고 하였다.

1	2	3	4	5	6	7	8	9	10	11	12

붓꽃과

- 원산지 / 한국, 중국
- 생활형 / 숙근성 다년초
- 개화기 / 4~5월
- 용도 / 화단용, 약용(종자)
- 햇빛 / 충분한 햇빛
- 온도 / 노지 월동, 16~30℃ 생육
- 관수 / 보통 관수, 미풍 환기
- 배양토 / 노지 재배, 배수 요함. 밭흙, 부엽, 모래는 4:4:2
- 번식 / 실생, 분주

▲ 수련

수련과

- 원산지 / 원예 교배종
- 생활형 / 숙근성 수생 다년초
- 개화기 / 7~8월
- 용도 / 수재 화단용
- 햇빛 / 충분한 햇빛
- 온도 / 10℃ 월동(열대산), 노지 월동(온대산), 16~30℃ 생육
- 관수 / 수생 식물
- 배양토 / 노지 재배, 화분 식재. 밭흙, 부엽, 모래는 5 : 3 : 2
- 번식 / 실생, 분주

수련

학명 : *Nymphaea hybrida* Hort. cv.
영명 : Water Lily, Water Nymphaea

잎은 물 위에 떠서 자라는 것과 물 위로 올라와서 자라는 두 종류가 있다. 꽃도 물 위에 떠서 피는 것과 물 위로 올라와서 피는 두 종류가 있다. 잎은 방패 모양으로 둥글며, 기부는 깊이 갈라져 있다. 꽃 색깔은 붉은색과 흰색, 분홍색, 노란색, 청색 등으로 피며, 내한성 종과 열대 지방산의 비내한성 종이 있다. 열대 지방산은 온도가 25℃ 이상 되면 계속 꽃이 핀다. 줄기는 덩굴성으로, 전 세계의 온대와 열대에 50여 종이 자생한다.

1	2	3	4	5	6	7	8	9	10	11	12

▲ 핑크 센세이션(‘Pink Sensation’)

▲ 망칼라 우볼(‘Mangkala Ubol’)   ▲ 핑크 펄(‘Pink Pearl’)

▲ 엘리시아나(‘Ellisiana’)

▲ 파나세('Panache')

▲ 로렌스 코스터('Rorers Koster')

▲ 킹 스태그('King Stag')

▲ 뉴캐슬('Newcastle')

▲ 테이터테이트('Tête-à-tête')

▲ 타제타('Tazetta')

수선화과

- 원산지 / 원예 품종
- 생활형 / 추식 구근 다년초
- 개화기 / 3~5월
- 용도 / 화단용, 분화용, 절화용
- 햇빛 / 충분한 햇빛
- 온도 / 노지 월동, 10~23℃ 생육
- 관수 / 보통 관수
- 배양토 / 배수 요함, 노지 재배. 밭흙, 부엽, 모래는 5:3:2
- 번식 / 분구 번식

수선화

학명 : *Narcissus hybridus* Hort. cv.
영명 : Narcissus, Daffodil

높이 35~55cm. 두피 비늘줄기를 가지고 있다. 잎은 2~4개가 구근에서 자라며, 꽃대가 구근의 잎 사이에서 35~55cm 정도 자라 노란색 꽃이 핀다. 꽃은 한 줄기에 꽃 하나로, 꽃잎은 6개이며, 컵 모양의 노란색 부화관이 있다. 부화관은 다른 수선화에 비해 크다. 추식 구근으로 1899년에 육성한 원예 품종이다.

1	2	3	4	5	6	7	8	9	10	11	12

▲ 수세미오이

수세미오이

학명 : *Luffa cylindrica* Roem.
영명 : Lufah, Sponge Gourd

　덩굴줄기는 12m 정도 자라며, 줄기는 사각~오각으로 각이 져 있고, 각 마디에서는 잎과 덩굴손이 자라 다른 물체를 감으며 자란다. 잎은 호생, 잎자루가 있으며, 길이와 너비는 10~25cm로, 심장상 다각형이다. 꽃은 노란색, 한 그루에서 암꽃과 수꽃이 따로 핀다. 열매는 길이 30~60cm로 원통형이고, 속에는 스펀지상의 섬유질이 들어 있다.

박과

- 원산지 / 열대 아시아의 인도
- 생활형 / 춘파 1년초
- 개화기 / 6~9월
- 용도 / 관실용, 절화용, 아치용, 퍼걸러용, 약용, 화장품용, 벽지용, 슬리퍼용, 모자 심용
- 햇빛 / 충분한 햇빛
- 온도 / 16~30℃ 생육
- 관수 / 보통 관수
- 배양토 / 배수 요함, 노지 재배
- 번식 / 실생

1	2	3	4	5	6	7	8	9	10	11	12

▲ 라운드 어바우트 시리즈('Round about Series') 수염패랭이꽃

석죽과

- 원산지 / 유럽 남부
- 생활형 / 추파 1, 2년초
- 개화기 / 6월
- 용도 / 화단용, 절화용, 분화용
- 햇빛 / 충분한 햇빛
- 온도 / 5℃ 월동, 16~30℃ 생육
- 관수 / 보통 관수
- 배양토 / 배수 요함, 노지 재배. 밭흙, 부엽, 모래는 4:4:2
- 번식 / 실생, 삽목

수염패랭이꽃

학명 : *Dianthus barbctus* L. cv.
영명 : Sweet William

줄기 30~70cm, 포기 너비 30cm 정도이며 직립한다. 줄기는 네모지고 마디는 볼록하다. 잎은 대생, 긴 타원상 피침형이다. 잎의 길이 3.7~7.5cm, 앞면은 진녹색, 뒷면에는 털이 있다. 꽃은 줄기 끝에서 취산화서로 피며, 꽃자루는 짧고, 많은 꽃이 핀다. 꽃잎은 5개로 삼각상 도란형이다. 기부 뒷면에는 수염 털이 있고, 끝 부눈 가장자리에는 잔 톱니가 있다. 향기가 나며, 품종으로는 왜성종과 겹꽃종이 있다. 꽃 색깔은 다양하며, 2중의 복색종도 있다.

1	2	3	4	5	6	7	8	9	10	11	12

▲ 수잔 루드베키아

수잔 루드베키아

학명 : *Rudbeckia hirta* L.
영명 : Gloriosa Daisy, Black Eye Susan

높이 20~90cm, 너비 30~45cm, 곧게 자라며 분지한다. 잎은 호생, 줄기와 잎에는 강모가 밀생한다. 줄기 기부의 잎은 다이아몬드형이며, 때로는 얕게 갈라진 톱니가 있다. 꽃은 줄기나 가지 끝에 두상화서로 오렌지색 바탕의 내측에 붉은 자갈색으로 피며, 화심은 검은 자갈색이 난다. 화서 지름은 7cm 정도 된다. 꽃 색깔은 변이가 심하다.

1	2	3	4	5	6	7	8	9	10	11	12

국화과

- 원산지 / 미국 중앙부
- 생활형 / 숙근성 다년초 또는 2년초
- 개화기 / 7~9월
- 용도 / 화단용, 조경용
- 햇빛 / 충분한 햇빛
- 온도 / 노지 월동, 16~30℃ 생육
- 관수 / 내건성, 보통 관수
- 배양토 / 배수 요함, 비옥한 사양토
- 번식 / 실생, 분주

▲ 토토 믹스('Toto Mix') 루드베키아

▲ 인디언 서머('Indian Summer') 루드베키아

▲ 소노라('Sonora') 루드베키아

▲ 체로키 선세트('Cherokee Sunset')
루드베키아

▲ 숙근안개초(*Gypsophila paniculata*)

▲ 브리스틀('Bristol')

숙근안개초

학명 : *Gypsophila paniculata* L.
영명 : Baby's Breath

높이 90~120cm. 줄기는 가늘고 곧게 자라며 분지한다. 잎은 +자형으로 대생, 선상 피침형, 잎의 길이 10cm, 너비 1cm이며, 식물 전체에는 털이 없고, 분백색을 띤 녹색이 난다. 꽃은 원추화서로 흰색 또는 연분홍색 꽃이 피며, 꽃잎은 5개이다. 원예 품종에는 흰색 겹꽃종인 브리스틀 숙근안개초(*G. paniculata* L. 'Bristol')가 있다.

| 1 | 2 | 3 | 4 | 5 | 6 | 7 | 8 | 9 | 10 | 11 | 12 |

석죽과

- 원산지 / 유럽 중부 · 동부, 중앙 아시아
- 생활형 / 숙근성 다년초
- 개화기 / 6~8월
- 용도 / 화단용, 절화용
- 햇빛 / 충분한 햇빛
- 온도 / 5℃ 월동, 10~25℃ 생육
- 관수 / 보통 관수
- 배양토 / 밭흙, 부엽, 모래는 4:3:3
- 번식 / 실생, 삽목, 접목

▲ 자홍색 꽃   ▲ 숙근플록스

꽃고비과

- 원산지 / 아메리카 북동부
- 생활형 / 숙근성 다년초
- 개화기 / 6~8월
- 용도 / 화단용, 절화용
- 햇빛 / 충분한 햇빛
- 온도 / 노지 월동, 16~30℃ 생육
- 관수 / 보통 관수
- 배양토 / 노지 재배, 배수 요함. 밭흙, 부엽, 모래는 5:3:2
- 번식 / 근삽, 분주

숙근플록스

학명 : *Phlox paniculata* L.
영명 : Summer Phlox

높이 70~120cm. 줄기는 군생, 곧게 자라며 분지한다. 아랫부분의 잎에는 잎자루가 있고, 윗부분의 잎에는 잎자루가 없다. 잎은 대생 또는 3개가 윤생하고, 난형 또는 피침형, 긴 타원형으로 끝이 뾰족하다. 길이는 5~13cm로 잎 가장자리에 잔털이 있다. 꽃은 줄기 끝에서 원추화서로 둥글게 자홍색 또는 흰색으로 피며, 꽃잎은 다섯 갈래로 갈라지고, 기부는 긴 통 모양이다. 꽃의 지름은 1.5~2.5cm로, 수술은 5개이다.

1	2	3	4	5	6	7	8	9	10	11	12

▲ 스노플레이크

스노플레이크

학명 : *Leucojum verum* L.
영명 : Spring Snowflake

높이 10~30cm. 비늘줄기는 지름이 2cm 내외이고, 비늘줄기에서 3~4개의 잎이 선형으로 자란다. 잎의 길이는 20~25cm, 너비 1.5cm 정도 자란다. 꽃은 4~5월에 잎 사이에서 긴 꽃대가 자라, 끝에서 3~4개의 꽃이 흰색으로 핀다. 꽃잎 끝에는 녹색의 점무늬가 있다. 꽃은 늘어져서 핀다.

- 원산지 / 중부 유럽, 프랑스, 보스니아
- 생활형 / 구근 다년초
- 개화기 / 4~5월
- 용도 / 화단용, 분화용
- 햇빛 / 충분한 햇빛
- 온도 / 노지 월동, 10~21℃ 생육
- 관수 / 충분한 관수
- 배양토 / 배수 요함, 노지 화단. 밭흙, 부엽, 모래는 5:3:2
- 번식 / 실생, 분주

1	2	3	4	5	6	7	8	9	10	11	12

▲ 스위트 피

콩과

- 원산지 / 시칠리아 섬
- 생활형 / 1년초, 원산지에
  서는 다년초
- 개화기 / 5~8월
- 용도 / 화단용
- 햇빛 / 충분한 햇빛
- 온도 / 3~5℃ 월동, 16~
  30℃ 생육
- 관수 / 보통 관수
- 배양토 / 밭흙, 부엽, 모래
  는 5:3:2, 노지 화단
- 번식 / 실생, 분주

스위트 피

학명 : *Lcthyrus odoratus* L.
영명 : Sweet Pea

줄기 1~2m. 덩굴성으로 자란다. 줄기는 모가 나 있으며, 분백색을 띤 회록색이 난다. 잎은 우상 복엽으로 짧은 잎자루가 있으며, 털이 조밀하게 나 있다. 잎 앞면은 청록색, 뒷면은 분백색을 띤다. 잎자루와 줄기에는 날개가 있다. 꽃은 총상화서로 여러 개가 핀다. 꽃 색깔은 연분홍색, 흰색, 보라색 등 다양하다. 꼬투리는 납작하고, 종자는 둥글며 갈색을 띤다.

1	2	3	4	5	6	7	8	9	10	11	12

▲ 흰 꽃　　　　　　　　▲ 스카에볼라 아에물라 뉴 원더('New Wonder')

스카에볼라 아에물라

학명 : *Scaevola aemula* R. Br.
영명 : Blue Fan Flower, Fairy Fan Flower

높이 15~40cm, 포기 너비 1.5m 정도. 줄기는 포복하며, 사방으로 분지한다. 기부의 잎은 길이 9cm 정도 되는 긴 도란형의 잎을 가지고 있다. 줄기는 연갈색이 나며 털이 있다. 꽃은 가지 끝에서 총상화서로 청보라색 꽃이 핀다. 꽃의 지름은 2.5cm 정도로, 꽃잎이 5개로 부채 모양으로 갈라져 있다. 원예품종에는 흰색과 연푸른색, 분홍색 꽃이 피는 종이 있다.

1	2	3	4	5	6	7	8	9	10	11	12

부채꽃과

- 원산지 / 오스트레일리아
- 생활형 / 포복성 다년초
- 개화기 / 6~9월
- 용도 / 화단용, 분화용, 지피용
- 햇빛 / 충분한 햇빛
- 온도 / 3~5℃ 월동, 16~30℃ 생육
- 관수 / 보통 관수, 통풍 요함
- 배양토 / 배수 요함, 비옥토 밭흙, 부엽, 모래는 5:3:2
- 번식 / 삽목

▲ 스타티스

갯질경이과

- 원산지 / 지중해 연안의 시칠리아, 북아프리카
- 생활형 / 반내한성 1년초
- 개화기 / 파종기에 따라 4 ~9월
- 용도 / 화단용, 절화용, 건조화용
- 햇빛 / 충분한 햇빛
- 온도 / 5~15℃ 생육, 환기
- 관수 / 보통 관수, 내건성
- 배양토 / 노지 화단, 배수
- 번식 / 실생

스타티스(꽃갯질경이)

학명 : *Limonium sinuatum* (L.) Mill.
(*Statice sinuata* L.)
영명 : Statice, Sea Lavender

높이 10~60cm. 원산지에서는 다년초이지만 1년초로 취급된다. 잎은 로제트상, 길이 15cm이며, 새의 깃 모양으로 무잎처럼 갈라지고 파상이다. 줄기에는 날개가 있고, 산형상 원추화서에 새의 깃 모양으로 분지하며, 분지된 끝에서 3~5개의 꽃이 편측형으로 핀다. 꽃 색깔은 선황색, 분홍색, 흰색, 연보라색. 자분홍색이다. 많은 원예 품종이 있다.

1	2	3	4	5	6	7	8	9	10	11	12

▲ 와이오밍('Wyoming')　　　▲ 스토케지아 (*Stokesia laevis*)

스토케지아

학명 : *Stokesia laevis* (J. Hill) Greene
영명 : Stokesia, Stokes Aster

高이 30~60cm. 잎은 호생, 긴 타원상 피침형이
다. 길이 10~20cm, 기부에 가시 모양의 털이 있다.
근출엽이 있고, 줄기 위의 잎은 잎자루가 없으며, 줄
기를 감싼다. 꽃은 두상화로 가지 끝에 1~3개씩 피
며, 두상화의 지름은 5~10cm로 푸른색 또는 흰색,
연자분홍색, 청보라색 등이 있다. 꽃은 저녁에 핀다.
많은 원예 품종이 있다.

국화과

- 원산지 / 미국의 동남부 및 남부
- 생활형 / 온실 다년초
- 개화기 / 6~10월
- 용도 / 화단용
- 햇빛 / 충분한 햇빛
- 온도 / 종자 월동, 16~30℃ 생육
- 관수 / 보통 관수, 내건성
- 배양토 / 노지 화단, 배수
- 번식 / 실생(채종 즉시 파종), 분주

| 1 | 2 | 3 | 4 | 5 | 6 | 7 | 8 | 9 | 10 | 11 | 12 |

▲ 스톡　　　　　▲ 스톡 농장

십자화과

- 원산지 / 유럽 남부
- 생활형 / 2년초, 다년초
- 개화기 / 12~5월
- 용도 / 절화용
- 햇빛 / 충분한 햇빛
- 온도 / 5℃ 이상에서 월동, 10~20℃ 생육
- 관수 / 보통 관수
- 배양토 / 밭흙, 부엽, 모래 는 5:3:2
- 번식 / 종자

스톡

학명 : *Mathiola incana* R. Br.
영명 : Stock

　높이 20~75cm로 곧게 자란다. 줄기는 단단하고 질기며, 뿌리는 직근성이다. 잎과 줄기는 회백색의 털로 덮여 있으며 잎 모양은 타원형 내지는 도란상 피침형으로 잎의 길이는 10cm이고, 끝은 둔하게 뾰족하다. 꽃은 홍자색이고, 총상화서로 피며, 향기가 진하다. 원예 품종에는 연홍색, 진홍색, 연황색, 순황색 등이 있으며, 겹꽃종도 있다.

1	2	3	4	5	6	7	8	9	10	11	12

스트렙토카르푸스 블랙 팬더

학명 : *Streptocarpus* 'Black Panther'
영명 : Cape Primrose

높이 30~40cm. 잎은 근출엽으로 자라며, 잎자루가 짧다. 잎은 긴 타원상으로 파상이며, 녹색이 난다. 잎 가장자리에는 잔 톱니가 있고, 주맥과 지맥은 현저하게 나타난다. 꽃대는 잎 사이에서 가늘고 길게 자라며, 꽃대 끝에서 분지하여 3개씩 꽃이 핀다. 꽃 색깔은 진보라색이 나며, 꽃통은 길다. 꽃통 끝은 다섯 갈래로 갈라지며, 위의 꽃잎 2개는 작고, 가운데 아랫잎은 길고 크며, 양 옆의 꽃잎은 약간 작다.

제스네리아과

- 원산지 / 아프리카 동부, 원산종의 원예 품종
- 생활형 / 온실 다년초
- 개화기 / 6~9월
- 용도 / 분화용, 실내 관화용, 컨테이너용
- 햇빛 / 개화시 충분한 햇빛, 개화 후 반광에서 생육
- 온도 / 5~8℃ 월동, 13~23℃ 생육
- 관수 / 보통 관수, 내건성
- 배양토 / 배수 요함. 밭흙, 부엽, 모래는 4 : 4 : 2
- 번식 / 실생, 분주

1	2	3	4	5	6	7	8	9	10	11	12

▲ 스트렙토카르푸스 삭소룸

제스네리아과

- ●원산지 / 동부 아프리카의 케냐, 탄자니아
- ●생활형 / 반덩굴성 상록 다년초
- ●개화기 / 6~8월
- ●용도 / 분화용, 공중걸이용, 실내 관화용
- ●햇빛 / 반광
- ●온도 / 8℃ 월동, 13~23℃ 생육
- ●관수 / 보통 관수
- ●배양토 / 버미큘라이트, 피트모스, 펄라이트는 4:4:2
- ●번식 / 실생, 삽목, 분주

스트렙토카르푸스 삭소룸

학명 : *Streptocarpus saxorum* Engl.

높이 15cm, 포기 너비 60cm 정도. 줄기는 가늘고, 분지하며 늘어진다. 어린 가지에는 부드러운 털이 밀생한다. 줄기 기부는 목질화하며, 잎은 대생 또는 윤생하고, 타원형 또는 난형이다. 잎의 길이는 2.5~4cm, 앞면은 진녹색, 뒷면은 연녹색이 난다. 꽃은 액생하고, 꽃자루는 길이 7~10cm로 가늘고 길게 자라며, 끝에서 1~2개의 꽃이 핀다. 꽃통은 가늘고, 길이 2cm, 지름 5cm 정도로 연보라색 꽃이 피며, 꽃통 내부는 흰색이 난다. 열매는 길이가 8cm 정도 된다.

1	2	3	4	5	6	7	8	9	10	11	12

▲ 스파티필룸 스위트 파블로(*Spathiphyllum* 'Sweet Pablo')

스파티필룸

학명 : *Spathiphyllum hybridum* Hort. cv
영명 : Peace Lily

천남성과

●원산지 / 원예 교배종
●생활형 / 온실 상록 다년초
●개화기 / 연중 개화
●용도 / 실내 조경용, 분화용, 수경 재배용, 절화용
●햇빛 / 그늘, 반광
●온도 / 8℃ 월동, 16~30℃ 생육
●관수 / 충분한 관수
●배양토 / 밭흙, 부엽, 모래는 4:4:2
●번식 / 분주, 조직 배양

　높이 60~80cm. 잎은 기부로부터 군생하며, 긴 잎자루가 있다. 잎자루 끝의 좁은 난상 타원형 또는 좁은 타원형의 잎은 녹색으로 약간 광택이 나며, 끝은 뾰족하다. 잎의 길이는 25~60cm, 너비는 10~18cm가 된다. 꽃은 잎자루 속에서 꽃대가 곧게 자라 흰색 또는 황록색 불염포가 꽃잎 모양으로 달리며, 꼬리 모양의 육수화서로 꽃이 핀다. 불염포는 개화 후 오래 있다가 말라 죽는다. 열매는 액과로 달린다. 많은 원예 교배종이 있다. 열대 아시아에 30여 종이 자생한다.

1	2	3	4	5	6	7	8	9	10	11	12

▲ 스파티필룸 왈리시

천남성과

- 원산지 / 콜롬비아, 베네수엘라
- 생활형 / 상록 다년초
- 개화기 / 연중 개화
- 용도 / 분화용, 실내 조경용
- 햇빛 / 반그늘
- 온도 / 10℃ 월동, 16~30℃ 생육
- 관수 / 충분한 관수, 다습
- 배양토 / 밭흙, 부엽, 모래는 4:4:2, 배수 요함
- 번식 / 분주, 조직 배양

스파티필룸 왈리시

학명 : *Spathiphyllum wallisii* Regel
영명 : White Flag, Wallis i Peace Lily

　높이 30~40cm. 잎은 긴 잎자루가 있으며, 타원형 또는 긴 타원형으로 끝은 뾰족하다. 잎 색깔은 진녹색으로, 잎 가장자리는 파상이다. 꽃은 기부에서 꽃대가 자라 육수화서로 피며, 화서의 길이는 8~10cm이다. 화서 밑에는 흰색의 불염포가 꽃잎처럼 달린다. 불염포는 위로 향하며, 길이는 17cm로 난형 또는 타원형이고, 끝은 뾰족하다.

1	2	3	4	5	6	7	8	9	10	11	12

▲ 스파티필룸 플로리번둠

스파티필룸 플로리번둠

학명 : *Spathiphyllum floribundum* (Linden et Andre)
　　　N. E. Br
영명 : Snow Flower

　　높이 30cm 정도. 잎은 잎자루가 있고, 길이 15~
30cm, 너비 8~10cm로 타원형 또는 도란상 피침형
이다. 잎 색깔은 진녹색이 난다. 꽃은 기부에서 꽃대
가 자라 육수화서로 피며, 화서 길이는 4~8cm이다.
화서 밑에는 흰색의 불염포가 꽃잎처럼 장식한다.
불염포의 길이는 6~10cm로 난형 또는 타원형이고,
끝은 뾰족하다. 꽃은 향기가 난다.

- 원산지 / 콜롬비아
- 생활형 / 온실성 상록 다년초
- 개화기 / 연중 개화
- 용도 / 분화용, 실내 조경용
- 햇빛 / 반그늘
- 온도 / 10℃ 월동, 16~30℃ 생육
- 관수 / 보통 관수, 다습
- 배양토 / 화분에 심을 때는 밭흙, 부엽, 모래는 4:5:1, 배수 요함
- 번식 / 실생, 분주, 조직 배양

1	2	3	4	5	6	7	8	9	10	11	12

▲ 시계초

시계초과

- 원산지 / 중앙 아메리카, 남아메리카
- 생활형 / 덩굴성 상록 다년초
- 개화기 / 6~7월
- 용도 / 분화용, 절화용, 식용(열매), 온실 노지용
- 햇빛 / 충분한 햇빛
- 온도 / −5℃ 월동, 16~30℃ 성육
- 관수 / 보통 관수
- 배양토 / 밭흙, 부엽, 모래는 4:4:2
- 번식 / 실생, 삽목, 취목, 분주

시계초

학명 : *Passiflora caerulea* L.
영명 : Blue Passionflower

줄기는 4~10m, 사각이 져 있고, 골이 져 있으며, 생장 속도는 빠르다. 잎은 호생, 길이 10cm로 다섯 갈래로 갈라진 장상엽이다. 꽃은 잎겨드랑이에서 피며, 지름은 7~10cm이다. 꽃 색깔은 흰색 바탕에 분홍색을 띤 부화관이 있으며, 부화관은 사상체로 보라색, 푸른색 흰색을 띤다. 열매는 타원형으로 오렌지색이며, 길이는 6cm 정도 된다. 맛은 시며, 식용한다.

1	2	3	4	5	6	7	8	9	10	11	12

▲ 시네라리아

시네라리아

학명 : *Senecio hybridus* (Willd.) Regel
영명 : Cineraria

　높이 30~60cm. 왜성종은 20~30cm 자란다. 잎은 호생, 부드러운 털이 밀생한다. 잎은 긴 잎자루가 있고, 심장상 난형이며, 장상맥을 가지고 있다. 잎 가장자리에는 잔 톱니가 있다. 잎자루에는 날개가 있지만 근출엽에는 날개가 없다. 꽃은 두상화가 산방상으로 10~12개가 피며, 관상화는 110~130개가 있다. 꽃 색깔은 다양하다.

국화과

- 원산지 / 카나리아 제도
- 생활형 / 추파 2년초
- 개화기 / 3~5월
- 용도 / 분화용
- 햇빛 / 충분한 햇빛
- 온도 / 5℃ 월동, 16~25℃ 생육
- 관수 / 보통 관수, 약간 다습
- 배양토 / 밭흙, 부엽, 모래는 4:4:2
- 번식 / 실생

1	2	3	4	5	6	7	8	9	10	11	12

▲ 시클라멘

앵초과

- 원산지 / 그리스, 시리아, 지중해 연안
- 생활형 / 숙근성 구근 다년초
- 개화기 / 11~4월
- 용도 / 분화용
- 햇빛 / 충분한 햇빛
- 온도 / 5℃ 월동, 10~22℃ 성육, 고온에 약함
- 관수 / 충분한 관수, 약간 다습
- 배양토 / 밭흙, 부엽, 모래는 4:4:2
- 번식 / 실생, 분구

시클라멘

학명 : *Cyclamer persicum* Mill. cv.
영명 : Common Cyclamer

　높이 10~40cm. 잎은 긴 잎자루 끝의 둥근 심장형이며, 잎은 녹색 바탕에 은백색의 무늬가 잎 가장자리에 넓게 있다. 꽃은 구근의 윗부분 잎 사이에서 굵은 꽃대가 자라 1개씩 아래를 향하여 핀다. 꽃잎은 뒤쪽으로 위를 향해 직립하며, 꽃 색깔은 홍색계, 분홍색계, 흰색계로 피며, 소형종, 중형종, 대형종이 있다.

1	2	3	4	5	6	7	8	9	10	11	12

▲ 신도(神刀)

신도

학명 : *Crassula falcata* H. Wendl.
〔*Crassula perfoliata* L. var. *falcata* (DC.) Tölken〕
영명 : Airplane Plant, Sickle Plant

●원산지 / 케이프 동부, 나탈
●생활형 / 다육질 상록 다년초
●개화기 / 7~8월
●용도 / 분식용, 록 가든용, 온실 노지 식재용
●햇빛 / 충분한 햇빛
●온도 / 8℃ 월동, 16~30℃ 생육
●관수 / 보통 관수
●배양토 / 부엽, 모래는 2:8
●번식 / 삽목

　높이 75~100cm. 줄기는 직립, 마디는 조밀하다. 잎은 다육질로 두껍고, 낫 모양으로 구부러지거나 곡선이 지며, 긴 삼각상 난형으로 호생한다. 잎의 길이 7~15cm, 너비 3~6cm이며, 분백색을 띤 회록색이다. 각 잎겨드랑이에서는 싹이 자라 분지한다. 꽃은 줄기 끝에서 꽃대가 자라 산형화서로 붉은색 꽃이 핀다.

1	2	3	4	5	6	7	8	9	10	11	12

▲ 심비듐 러블리 문(*Cymbidium* ‘Lovely Moon’)

난초과

- 원산지 / 인도, 중국, 일본, 동남 아시아, 오스트레일리아의 온대~열대 원산종의 원예 교배종
- 생활형 / 상록 다년초
- 개화기 / 종에 따라 다르며, 개화 조절에 의해 연중 개화
- 용도 / 분화용
- 햇빛 / 반광
- 온도 / 7~8℃ 월동, 16~23℃ 생육, 25℃ 이상의 고온에 약함
- 관수 / 보통 관수, 약간 다습
- 배양토 / 바크, 난석(蘭石)
- 번식 / 분주, 조직 배양

심비듐

학명 : *Cymbidium hybrids* cv.
영명 : Cymbidium

  높이 20~80cm. 잎은 선형으로 총생하고, 가죽질로 끝은 뾰족하다. 잎의 길이 20~70cm, 너비 0.7~1.5cm로 직립하거나 아치형으로 늘어진다. 품종에 따라 꽃대는 잎 사이에서 곧게 5~50cm 자라며, 한 줄기에 한 송이로 피거나 총상화서로 많은 꽃이 핀다. 총상화서의 꽃은 무거워 늘어지게 되므로 지주를 세워 묶어 준다. 꽃은 꽃받침과 꽃잎, 설판이 있으며, 설판은 끝 부분이 세 갈래로 갈라진다. 꽃의 지름은 3~10cm이며, 그 이상 되는 것도 있다. 꽃색깔은 붉은색, 노란색, 흰색 등 다양하며 화려하다. 전 세계에 약 50종이 자생한다.

1	2	3	4	5	6	7	8	9	10	11	12

▲ 포르티시시모 피아니스트
('Fortississimo Pianist')

▲ 아이보리 616('Ivory 616')

▲ 마졸리카('Majolica')

▲ 수잔('Susan')

▲ 문워크('Moonwork')

▲ 라디안트('Radiant')

▲ 아게라툼

국화과

- 원산지 / 멕시코, 과테말라
- 생활형 / 춘파 1년초
- 개화기 / 6~10월
- 용도 / 분화용, 화단용
- 햇빛 / 충분한 햇빛
- 온도 / 종자 월동, 23~27℃ 생육
- 관수 / 보통 관수
- 배양토 / 밭흙, 부엽, 모래 는 5:3:2, 화단용
- 번식 / 실생

아게라툼

학명 : *Ageratum houstonianum* Mill
영명 : Ageratum, Mexican Ageratum

　원종은 60cm 정도, 원예 품종은 15~20cm 자란다. 줄기는 윗부분에서 2~3개로 분지한다. 잎은 기부의 잎은 대생하고 윗부분의 잎은 호생한다. 잎자루가 있고, 심장상 난형으로 부드러운 털이 밀생한다. 꽃은 산방상으로 두상화가 피며, 보라색 또는 자분홍색, 흰색 꽃이 핀다. 장마로 인한 습해에 약하다.

1	2	3	4	5	6	7	8	9	10	11	12

▲ 아나갈리스 와일드캣(*Anagallis* 'Wildcat')

아나갈리스

학명 : *Anagallis hybrida* Hort. cv.
영명 : Pimpernel

높이 10~50cm로 곧게 자란다. 잎은 대생, 선상 피침형 내지는 타원형으로, 윗부분의 잎은 호생한다. 꽃은 윗부분의 잎겨드랑이에서 1개씩 피며, 지름은 5~12mm이다. 꽃 색깔은 푸른색, 붉은색, 분홍색 등이다. 꽃자루는 2~5cm, 꽃잎은 5개, 꽃받침은 다섯 갈래로 갈라진다. 수술은 5개, 열매는 삭과로 구형이다.

- 원산지 / 남부 유럽 원산종의 원예 품종
- 생활형 / 왜성의 숙근초
- 개화기 / 7~9월
- 용도 / 분화용, 화단용
- 햇빛 / 충분한 햇빛
- 온도 / 10~23℃ 생육
- 관수 / 보통 관수
- 배양토 / 밭흙, 부엽, 모래는 5:3:2, 화단용
- 번식 / 실생

| 1 | 2 | 3 | 4 | 5 | 6 | 7 | 8 | 9 | 10 | 11 | 12 |

▲ 아마릴리스 헤라클레스(*Hippeastrum* 'Hercules')

▲ 나가노 ('Nagano')

▲ 레드 라이온 ('Red Lion')

수선화과

- 원산지 / 원예 교배종
- 생활형 / 구근 다년초
- 개화기 / 5~6월
- 용도 / 분화용, 절화용
- 햇빛 / 충분한 햇빛
- 온도 / 5℃ 월동, 16~30℃ 생육 개화
- 관수 / 보통 관수
- 배양토 / 배수 요함. 밭흙, 부엽, 모래는 5:3:2
- 번식 / 실생, 분구

아마릴리스

학명 : *Hippeastrum hybridum* Hort.
영명 : Amaryllis, Mexican Lily

높이 40~63cm. 비늘줄기의 구근은 지름이 6~7cm이다. 잎은 2~4거가 납작하게 하늘을 향해 뒤로 젖혀져 수평으로 마주나며, 잎 기부의 잎 사이에서 꽃대가 자라 끝에서 2~4개의 꽃이 나팔 모양으로 핀다. 꽃잎은 주홍색, 6개로 갈라지며. 흰색, 분홍색의 두 가지 혼색으로 피는 꽃도 있다. 많은 원예 품종이 있다.

1	2	3	4	5	6	7	8	9	10	11	12

▲ 아마존 릴리

아마존 릴리

학명 : *Eucharis grandiflora* Planch. et Linden
    (*E. amazonica* Lind.)
영명 : Amazon Lily, Eucharist Lily, Madonna Lily,
Lily of the Amazon

- 원산지 / 콜롬비아의 안데스 산맥, 페루
- 생활형 / 온실 상록 다년초
- 개화기 / 부정기적 연중 개화
- 용도 / 절화용, 분식용, 웨딩 장식용
- 햇빛 / 반광
- 온도 / 10℃ 월동, 15~25℃ 생육
- 관수 / 보통 관수, 다습, 환기
- 배양토 / 밭흙, 부엽, 모래는 4:4:2
- 번식 / 분주

    높이 40~60cm. 비늘줄기는 둥글고, 껍질이 갈색 피막으로 덮여 있다. 구근의 지름은 5cm 정도이다. 잎은 2~4개로 긴 타원형 내지는 난형이며, 길이 30cm, 너비 12~16cm로 녹색이 난다. 잎자루는 가늘고 길며, 잎과 길이가 같다. 꽃대는 원주형, 3~6개가 산형화서로 핀다. 꽃은 순백색, 향기가 나며, 지름은 6~8cm로 별 모양이다. 꽃통은 가늘고, 원통상으로 구부러져 있으며, 길이는 4~7cm로 꽃 끝 부분은 넓게 퍼져 여섯 갈래로 갈라지고, 끝은 뾰족하다.

1	2	3	4	5	6	7	8	9	10	11	12

▲ 아스클레피아스 쿠라싸비카

박주가리과

- 원산지 / 열대 남아메리카
- 생활형 / 상록 반관목(원산지), 온실 다년초
- 개화기 / 5~9월
- 용도 / 관상용, 화단용, 분화용, 절화용
- 햇빛 / 충분한 햇빛
- 온도 / 10℃ 월동, 16~30℃ 생육
- 관수 / 충분한 관수
- 배양토 / 배수 요함. 밭흙, 부엽, 모래는 4:4:2
- 번식 / 실생, 분주, 삽목

아스클레피아스 쿠라싸비카

학명 : *Asclepics curassavica* L.
영명 : Blood Flower

높이 1~2m, 포기 너비 60cm 정도. 직립하며 자란다. 잎은 대생, 잎자루는 짧고, 타원형 내지는 난상 피침형으로 길이 5~13cm, 너비 2~4cm이며, 끝은 뾰족하다. 꽃은 줄기 끝 잎겨드랑이에서 산형취산화서로 핀다. 화서 지름은 5~10cm, 꽃은 작고, 지름은 5mm로 붉은색 또는 오렌지색으로 피며, 부화관은 오렌지색이나 노란색, 흰색이다. 열매는 길이가 8cm 정도로, 흰 털로 덮여 있다.

1	2	3	4	5	6	7	8	9	10	11	12

▲ 아스터 아멜루스

아스터 아멜루스

학명 : *Aster amellus* L. cv.
영명 : Italian Aster

줄기 30~75cm, 포기 너비 45cm 정도. 곧게 자라며 많이 분지한다. 잎은 피침형 또는 긴 타원형, 녹색이 나며, 길이 3~5cm이다. 꽃은 두상화로 피며, 설상화는 청보라색이 난다. 꽃의 지름은 3~5cm, 화심은 진황색이 난다. 꽃 색깔은 분홍색과 연보라색, 청보라색이며, 홑꽃과 겹꽃이 있고, 조생종과 만생종이 있다. 초장도 왜성종과 중성종 등의 많은 원예 품종이 있다.

- 원산지 / 유럽 중부~동부, 아시아 서부, 터키
- 생활형 / 숙근성 다년초
- 개화기 / 7~9월
- 용도 / 화단용, 절화용
- 햇빛 / 충분한 햇빛
- 온도 / 노지 월동, 16~30℃ 생육
- 관수 / 보통 관수
- 배양토 / 배수 요함, 석회질이 있는 비옥한 사양토. 밭흙, 부엽, 모래는 4:4:2
- 번식 / 실생, 분주

1	2	3	4	5	6	7	8	9	10	11	12

▲ 아스틸베 아렌드시(*Astilbe arendsii*)

▲ 파날 ('Fanal')

▲ 다인츠 ('Mainz')

범의귀과

- 원산지 / 원예 교배종
- 생활형 / 구근성 다년초
- 개화기 / 6월
- 용도 / 화단용, 절화용
- 햇빛 / 충분한 햇빛
- 온도 / 노지 월동, 16~30℃ 생육
- 관수 / 보통 관수
- 배양토 / 배수 요함. 밭흙, 부엽, 모래는 5:3:2
- 번식 / 실생, 분주

아스틸베 아렌드시

학명 : *Astilbe arendsii* Arends.
영명 : False Spiraea

높이 50~120cm. 잎은 난형으로부터 피침형이며, 2회 3출 복엽이고, 화서의 길이는 45cm 정도 된다. 꽃은 붉은 주적색 내지는 흰색으로 핀다. 교배종인 *Astilbe chinensis* var. *davidii* Franch.를 원종으로 일본산의 *A. japonica*와 *A. microphylla*, *A. thunbergii*와 교배 육성된 원예 품종들이다.

1	2	3	4	5	6	7	8	9	10	11	12

▲ 아이비 제라늄

아이비 제라늄

학명 : *Pelargonium peltatum* (L.) L. Hér. ex Ait.
영명 : Ivy Geranium, Hang Geranium

   높이 30~45cm. 줄기 길이 2m 정도, 줄기 지름은 0.3~1cm이고, 잎은 잎자루가 있으며, 방패형으로 오각을 이루고, 결각이 지고 두꺼우며, 녹색이 나고 광택이 난다. 꽃은 긴 꽃자루가 자라 2~9개의 꽃이 핀다. 꽃 색깔은 흰색, 연분홍색, 자홍색 등으로 많은 원예 품종이 있다.

- 원산지 / 케이프 동남부
- 생활형 / 상록 덩굴성 다년초
- 개화기 / 연중 개화
- 용도 / 분화용, 절화용, 화단용, 컨테이너용, 공중 걸이용
- 햇빛 / 충분한 햇빛
- 온도 / 7℃ 월동, 16~30℃ 생육
- 관수 / 보통 관수, 비에 약함
- 배양토 / 배수 요함. 밭흙, 부엽, 모래는 2:3:5
- 번식 / 삽목

| 1 | 2 | 3 | 4 | 5 | 5 | 7 | 8 | 9 | 10 | 11 | 12 |

▲ 아이슬란드 포피

양귀비과

- 원산지 / 북반구 극지 지역
- 생활형 / 2년초 또는 1년초
- 개화기 / 5~6월
- 용도 / 화단용, 절화용
- 햇빛 / 충분한 햇빛
- 온도 / 13~23℃ 생육
- 관수 / 보통 관수
- 배양토 / 배수 요함, 화단 재배, 비옥한 사양토
- 번식 / 실생

아이슬란드 포피

학명 : *Papaver nudicaule* L.
    (*P. croceum*)
영명 : Iceland Poppy, Arctic Poppy

높이 30cm, 포기 너비 15cm 정도. 잎은 로제트 상으로 자라고, 뒤에 줄기는 직립하고 총생하며 털이 밀생한다. 잎은 호생, 길이 3~15cm로 난형이고, 새의 깃 모양으로 깊게 또는 중간쯤 갈라지며, 털이 밀생하고, 청록색이 난다. 꽃은 줄기 끝에서 1개씩 피며, 지름이 8cm 정도 된다. 꽃은 향기가 나며, 겹꽃도 있다. 꽃 색깔은 노란색과 흰색, 붉은 주황색, 분홍색, 오렌지색 등이다.

1	2	3	4	5	6	7	8	9	10	11	12

▲ 아펠란드라 스콰로사

아펠란드라 스콰로사

학명 : *Aphelandra squarrosa* Nees
영명 : Saffron spike, Zebra Plant

높이 1.5~2m. 잎은 대생, 난형으로부터 타원형이며, 주맥과 측맥에 흰색 또는 유백색의 무늬가 선명하게 들어 있다. 잎의 길이는 30cm, 잎의 너비는 2.5~3cm로 녹색이 나고, 광택이 난다. 꽃은 줄기 끝에서 수상화서로 포엽에서 노란색 꽃이 핀다. 화서의 길이는 20cm로, 원예 품종에는 Louisae와 Dania가 있다.

1	2	3	4	5	6	7	8	9	10	11	12

▲ 아프리카 봉선화 분홍색 꽃

▲ 아프리카 봉선화 겹꽃

▲ 아프리카 봉선화 흰 꽃

봉선화과

- 원산지 / 남아프리카 잔지바르
- 생활형 / 1년초
- 개화기 / 6～9월
- 용도 / 분화용, 화단용
- 햇빛 / 반광 또는 햇빛
- 온도 / 12℃ 월동, 16～30℃ 생육
- 관수 / 충분한 관수
- 배양토 / 노지 화단. 밭흙, 부엽, 모래는 5:3:2
- 번식 / 실생, 삽목

아프리카 봉선화

학명 : *Impatiens walleriana* Hook. f.
영명 : Busy Lizzie

　높이 30～60cm. 줄기는 다즙질이고 잘 분지한다. 잎은 호생, 잎자루가 길고, 윗부분에는 윤생한다. 잎은 난상 피침형, 가장자리에는 둔한 톱니가 있고, 잎 끝은 뾰족하다. 꽃은 잎겨드랑이에서 1개씩 피며, 끝의 순에서는 1～2개가 피기도 한다. 꽃의 지름은 4cm로 붉은색, 흰색, 연분홍색으로 핀다. 원예 품종에는 홑꽃종과 겹꽃종이 있다.

1	2	3	4	5	6	7	8	9	10	11	12

▲ 아프리카 수크령 레드 라이딩 후드(*Pennisetum setaceum* ‘Red Riding Hood’)

아프리카 수크령

학명 : *Pennisetum setaceum* (Forssk.) Chiov
영명 : Fountain Grass

　높이 1m 이상. 잎은 너비 1cm 정도로 좁고, 길이는 40~70cm로 길게 자란다. 화서는 40cm 이상 자라며, 긴 꼬리 모양이다. 소수의 기부에는 길이가 5cm 이상 되고, 길이가 같지 않은 거센 털이 있으며, 분홍색 또는 자홍색이 난다. 잎과 화수가 짙은 자홍색이 나는 몇 개의 원예 품종이 있다.

- 원산지 / 아프리카
- 생활형 / 숙근성 다년초
- 개화기 / 7~9월
- 용도 / 정원용, 화단용, 절화용, 지피용, 조경용
- 햇빛 / 충분한 햇빛
- 온도 / 5℃ 월동, 16~30℃ 생육
- 관수 / 배수 요함, 보통 관수, 내건성
- 배양토 / 노지 재배. 밭흙, 부엽, 모래는 5:3:2
- 번식 / 실생, 분주

1	2	3	4	5	6	7	8	9	10	11	12

▲ 아프리칸 데이지 서베니티 화이트(*Dimorphotheca sinuata* 'Servenity White')

국화과

- 원산지 / 남아프리카의 케이프 서부
- 생활형 / 춘·추파 1, 2년초
- 개화기 / 춘파 7~8월, 추파 4~6월
- 용도 / 화단용, 분화용
- 햇빛 / 충분한 햇빛
- 온도 / −10℃ 월동, 16~23℃ 생육
- 관수 / 보통 관수
- 배양토 / 노지 재배, 배수 요함. 밭흙, 부엽, 모래는 5:3:2
- 번식 / 실생, 삽목

아프리칸 데이지

학명 : *Dimorphotheca sinuata* DC.
　　　(*D. aurantiaca* Hort.)
영명 : African Daisy, Osteospermum

　높이 20~50cm. 원산지에서는 관목상의 다년초이다. 기부에서 많은 가지가 분지하며, 식물 전체에는 털이 밀생한다. 기부의 잎은 긴 타원상 피침형이고, 줄기 윗부분의 잎은 긴 타원상 피침형에 톱니가 드문드문 나 있다. 꽃은 가지 끝에 1개씩 두상화로 오렌지색 꽃이 피고, 화심은 자흑색이며, 소륜의 테무늬와 중심부는 진한 주황색이 난다. 품종은 흰색, 자홍색, 노란색, 주황색 등 다양하며, 화심은 오렌지색이거나 황갈색이 나고 잎이 노란 무늬종도 있다.

1	2	3	4	5	6	7	8	9	10	11	12

▲ 아프리칸 매리골드(*Tagetes erecta*)

▲ 문스트럭 오렌지
('Moonstruck Orange')

아프리칸 매리골드 (만수국)

학명 : *Tagetes erecta* L.
영명 : African Marigold

높이 45~90cm. 줄기는 녹색이 나고 분지가 잘 된다. 잎은 대생하거나 호생하며, 새의 깃 모양으로 갈라져 있고, 녹색이 나며, 길이 5~12cm로 갈라진 소엽에는 톱니가 있다. 꽃은 가지 끝에서 꽃대가 자라 반원형의 두상화로 1개씩 피며, 특유의 강한 냄새가 난다. 많은 원예 품종이 있다.

- 원산지 / 멕시코
- 생활형 / 춘파 1년초
- 개화기 / 7~9월
- 용도 / 분화용, 화단용
- 햇빛 / 충분한 햇빛
- 온도 / 종자 월동, 16~30℃ 생육
- 관수 / 보통 관수
- 배양토 / 노지 화단. 밭흙, 부엽, 모래는 5:3:2
- 번식 / 실생

| 1 | 2 | 3 | 4 | 5 | 6 | 7 | 8 | 9 | 10 | 11 | 12 |

▲ 아프리칸 붓꽃

붓꽃과

- 원산지 / 남아프리카의 케이프 동부~나탈
- 생활형 / 상록 다년초
- 개화기 / 6~8월
- 용도 / 정원용, 분화용, 절화용
- 햇빛 / 충분한 햇빛
- 온도 / 5℃ 월동, 16~30℃ 생육
- 관수 / 보통 관수, 내건성
- 배양토 / 배수 요함, 노지 재배. 밭흙, 부엽, 모래는 5:3:2
- 번식 / 실생, 분주

아프리칸 붓꽃

학명 : *Diestes grandiflora* N. E. Br.
영명 : Fortnight Lily, African Iris

높이 1~152m. 잎과 줄기는 곧게 직립하고, 잎은 두 줄로 마주 자라며, 납작하고 가죽질로 끝은 뾰족하다. 잎 색깔은 회록색이 나며, 길이 1m, 너비 2cm 정도 자란다. 꽃은 흰색으로 지름이 7~10cm이며, 바깥쪽의 꽃잎은 3개로 넓은 도란형이고, 기부에는 중앙에 세로로 노란색 무늬가 짧게 있다. 안쪽의 꽃잎 3개는 바깥쪽의 꽃잎보다 작다. 암술대는 세 갈래로 분지하며, 푸른색이 난다.

1	2	3	4	5	6	7	8	9	10	11	12

▲ 안개초

안개초(석회패랭이꽃)

학명 : *Gypsophila elegans* Bieb.
영명 : Common Gypsophila, Baby's Breath

높이 20~50cm. 줄기는 가늘고, 두 갈래로 분지
된다. 잎은 선상 피침형으로, 길이 2.5~7.5cm이다.
꽃은 흰색 또는 분홍색으로 원추화서로 핀다. 꽃잎
은 5개, 수술은 10개이고, 암술대는 2개, 씨방은 많
은 난자를 함유하고 있다. 원예 품종에는 코벤트 안
개초(*G. elegans* Bieb. 'Covent Garden Market') 등
이 있다.

- 원산지 / 우크라이나, 카프카스, 이란 북부
- 생활형 / 1년초
- 개화기 / 5~8월
- 용도 / 화단용, 절화용
- 햇빛 / 충분한 햇빛
- 온도 / 5℃ 월동, 10~25℃ 생육
- 관수 / 보통 관수, 약간 다습
- 배양토 / 노지 화단, 배수 요함. 밭흙, 부엽, 모래는 4:3:3
- 번식 / 실생, 삽목, 접목

1	2	3	4	5	6	7	8	9	10	11	12

▲ 델타 (‘Delta’)

▲ 화이트 (‘White’)

▲ 모바노 (‘Movano’)

▲ 비발로 (‘Vivalo’)

▲ 유콘 (‘Yukon’)

▲ 레드 에인젤 (‘Red Angel’)

천남성과

- 원산지 / 콜롬비아
- 생활형 / 착생 관엽·관화 온실 식물
- 개화기 / 연중 개화
- 용도 / 분화용, 실내 관화용
- 햇빛 / 충분한 햇빛(겨울), 반광(여름)
- 온도 / 15℃ 월동, 25~30℃ 생육
- 관수 / 충분한 관수, 다습
- 배양토 / 밭흙, 부엽, 모래 는 3:5:2. 배양토는 수 태만 사용
- 번식 / 분주, 실생, 조직 배양

안수리움 (홍학꽃)

학명 : *Anthurium andraeanum* Linden
영명 : Flamingo Flower

높이 30~60cm, 포기 너비 20~30cm. 잎은 잎자루 길이 30cm, 잎의 길이 30~40cm, 너비 10~12cm, 난형으로, 기부는 화살촉 모양으로 들어가 있고, 녹색이 난다. 꽃은 꽃대 길이가 30~40cm. 꽃대 끝에서 육수화서로 약간 구부러져 곧게 피며, 미황색이 난다. 화서 기부에는 길이가 10~12cm인 붉은색의 불염포가 난형 또는 심장형으로 붙어 있다.

| 1 | 2 | 3 | 4 | 5 | 6 | 7 | 8 | 9 | 10 | 11 | 12 |

▲ 안수리움 세르제리아눔 아마존 (*Anthurium scherzerianum* 'Amazon')

안수리움 세르제리아눔

학명 : *Anthurium scherzerianum* Schott
영명 : Common Anthurium

높이 50~60cm, 포기 너비 30cm 정도. 잎은 25cm 정도로 긴 잎자루가 있고, 잎의 길이는 15~21cm로 긴 타원형 또는 긴 난상 피침형이다. 잎 색깔은 암녹색이고 가죽질이다. 꽃은 꽃대가 자라 끝에서 육수화서로 돼지 꼬리 모양으로 말리며, 불염포가 기부에 붙어 있다. 불염포는 붉은색으로 길이가 8~10cm이며, 넓은 난상 심장형으로 끝은 뾰족하고, 뒤로 바가지가 진다.

| 1 | 2 | 3 | 4 | 5 | 6 | 7 | 8 | 9 | 10 | 11 | 12 |

● 원산지 / 중앙 아메리카
● 생활형 / 착생 상록 관화 식물
● 개화기 / 연중 개화
● 용도 / 분화용, 관화 식물용
● 햇빛 / 반광
● 온도 / 15℃ 월동, 25~30℃ 생육
● 관수 / 충분한 관수
● 배양토 / 밭흙, 부엽, 모래는 3:5:2, 수태 단용
● 번식 / 실생, 조직 배양

▲ 세레나 라벤더 핑크 ('Serena Lavender Pink')　▲ 카리타 화이트 ('Carita White')

▲ 에인젤 페이스 드레스덴 블루
　('Angel Face Dresden Blue')

▲ 세레나 퍼플 ('Serena Purple')

현삼과

- 원산지 / 멕시코, 서인도
- 생활형 / 1년초(온대), 다년초(열대)
- 개화기 / 5~9월
- 용도 / 화단용, 절화용, 컨테이너용
- 햇빛 / 충분한 햇빛
- 온도 / 3℃ 월동, 16~30℃ 생육
- 관수 / 보통 관수
- 배양토 / 배수 요함, 노지 재배. 밭흙, 부엽, 모래는 4:4:2
- 번식 / 실생

안젤로니아

학명 : *Angelonia angustifolia* Benth. cv.
영명 : Angel Face

　높이 50~60cm. 줄기는 붉은색, 잎은 선상 타원형으로 끝은 뾰족하고, 기부는 잎자루가 없다. 잎 가장자리에는 가는 잔 톱니가 있다. 꽃은 줄기 윗부분의 잎겨드랑이에서 총상화서로 핀다. 꽃의 모양은 통꽃으로, 꽃잎은 다섯 갈래로 갈라진다. 위쪽의 2개는 작고, 아래쪽의 3개는 크며, 크기는 비슷하다. 꽃 색깔은 붉은색, 분홍색, 흰색, 흰색 바탕에 청보라색 무늬가 들어 있는 것도 있다. 꽃의 지름은 2cm 정도 된다.

| 1 | 2 | 3 | 4 | 5 | 6 | 7 | 8 | 9 | 10 | 11 | 12 |

알리움 기간테움

학명 : *Allium giganteum* Regel
영명 : Giant Allium

　높이 1.2~1.5m. 비늘줄기를 가지고 있다. 비늘줄기의 지름은 7~8cm, 잎은 비늘줄기로부터 자란다. 길이 30~100cm, 너비 5cm로 가죽질이며, 좁은 피침형으로 연회록색이 난다. 잎은 꽃이 피기 전에 시들어 죽는다. 꽃대는 굵고 높게 자라며, 꽃대 끝에서 보라색으로 50개가 핀다. 지름이 10~12cm, 대개 테니스공만 한 크기의 산형상 구형으로 핀다. 꽃잎은 긴 타원형이며, 수술은 길게 자란다.

| 1 | 2 | 3 | 4 | 5 | 6 | 7 | 8 | 9 | 10 | 11 | 12 |

백합과

- 원산지 / 중앙 아시아
- 생활형 / 추식 구근 다년초
- 개화기 / 4~5월
- 용도 / 화단용, 절화용, 정원용
- 햇빛 / 충분한 햇빛
- 온도 / 노지 월동, 10~23℃ 생육
- 관수 / 보통 관수
- 배양토 / 배수 요함, 노지 화단
- 번식 / 실생, 분구

▲ 알리움 세네스켄스

백합과

- ●원산지 / 유럽, 북아시아
- ●생활형 / 숙근성 구근 다년초
- ●개화기 / 8월
- ●용도 / 관화용, 지피 식물용, 분화용, 절화용
- ●햇빛 / 충분한 햇빛
- ●온도 / 노지 월동, 16~30℃ 생육
- ●관수 / 보통 관수
- ●배양토 / 배수 요함, 비옥토, 밭흙, 부엽, 모래는 5:3:2
- ●번식 / 실생, 분주

알리움 세네스켄스

학명 : *Allium senescens* L.

높이 30~60cm, 포기 너비 5cm 정도. 구근은 비늘줄기이며, 잎은 비늘줄기에서 선형으로 자란다. 육질은 두껍고, 끝은 둔하거나 뾰족하다. 잎의 길이는 4~30cm, 연녹색 내지는 녹색이 난다. 꽃은 비늘줄기에서 꽃대가 30cm 정도 자라, 끝에서 산형화서로 연브라색으로 피며, 지름은 2cm 정도 된다.

1	2	3	4	5	6	7	8	9	10	11	12

▲ 알케밀라 몰리스

알케밀라 몰리스

학명 : *Alchemilla mollis* (Buser) Rothm

높이 60cm, 포기 너비 75cm 정도. 잎은 잎자루가 있으며, 길게 자라 끝에서 잎이 달린다. 잎의 길이와 너비는 각각 15cm로 원형이며, 9~11개로 얕게 갈라진다. 갈라진 잎에는 잔 톱니가 있고, 기부는 양쪽 귀뿌리 잎이 마주 닿을 정도로 깊이 들어간 심장형이고, 잔털이 밀생한다. 꽃은 꽃대가 자라 산방화서로 작은 꽃이 조밀하게 황록색으로 핀다.

- 원산지 / 유럽, 동부 아시아
- 생활형 / 숙근성 다년초
- 개화기 / 5~7월
- 용도 / 화단용, 분식용, 절화용, 화훼 장식용, 지피 식물용
- 햇빛 / 햇빛 또는 반광
- 온도 / 5℃ 월동, 16~30℃ 생육
- 관수 / 충분한 관수, 내건성
- 배양토 / 배수 요함, 노지 화단. 밭흙, 부엽, 모래는 4:4:2
- 번식 / 실생, 분주

1	2	3	4	5	6	7	8	9	10	11	12

▲ 앵무새꽃

콩과

- ●원산지 / 카나리아 제도, 베르데 곶
- ●생활형 / 온실 다년초, 상록 반관목(원산지)
- ●개화기 / 4~6월
- ●용도 / 분화용, 공중걸이용
- ●햇빛 / 보통 햇빛
- ●온도 / 10℃ 월동, 16~23℃ 생육
- ●관수 / 보통 관수, 통풍 요함
- ●배양토 / 배수 요함. 밭흙, 부엽, 모래는 4:4:2
- ●번식 / 실생, 삽목

앵무새꽃

학명 : *Lotus berthelotii* Lowe ex Masf.
영명 : Parrot's Beak, Coral Gem

　높이 20~60cm. 줄기는 가늘고 길게 자라며, 분지하고 늘어진다. 잎은 잎자루가 없으며, 좁은 선형으로 줄기에 3~7개의 소엽이 조밀하게 속생한다. 잎의 길이는 1~2cm로, 식물 전체에는 은회색의 털이 밀생한다. 꽃은 가지 끝에 여러 개가 모여 핀다. 꽃의 길이는 2.5cm, 주홍색 또는 진홍색 꽃이 핀다. 기판은 가늘어져서 뾰족하며, 끝이 꼬부라진다. 용골판은 길게 뾰족하며, 양쪽의 꽃잎보다 길다.

1	2	3	4	5	6	7	8	9	10	11	12

▲ 앵초

앵초

학명 : *Primula sieboldii* E. Morren
영명 : Siebold's Primrose

높이 20cm 정도. 잎은 뿌리에서 긴 잎자루가 자라 난형의 잎이 자라며, 기부는 심장형으로 가장자리에는 둔한 톱니가 있고, 잎 끝은 둔하게 뾰족하다. 잎과 꽃대에는 털이 밀생하며, 꽃대는 20cm 정도 곧게 자라, 산형으로 여러 개의 분홍색 꽃이 핀다. 꽃잎은 5개, 각 꽃잎의 끝은 오목하게 패어 있으며, 중심부에는 흰색의 점무늬가 들어 있다.

<table>
<tr><td>앵초과</td></tr>
</table>

- 원산지 / 한국, 일본, 중국, 동부 시베리아
- 생활형 / 숙근성 다년초
- 개화기 / 4~5월
- 용도 / 화단용, 분화용
- 햇빛 / 충분한 햇빛
- 온도 / 노지 월동, 10~23℃ 생육
- 관수 / 충분한 관수
- 배양토 / 밭흙, 부엽, 모래는 5:3:2
- 번식 / 실생

1	2	3	4	5	6	7	8	9	10	11	12

▲ 양귀비

▲ 꽃

▲ 겹꽃양귀비

양귀비과

- ●원산지 / 그리스~아시아 서남부
- ●생활형 / 춘파 1년초
- ●개화기 / 6~7월
- ●용도 / 화단용, 약용
- ●햇빛 / 충분한 햇빛
- ●온도 / 16~30℃ 생육
- ●관수 / 보통 관수
- ●배양토 / 비옥한 사양토. 밭흙, 부엽, 모래는 4:4:2
- ●번식 / 실생
- ※마약법에 따라 식재가 금지된 식물임.

양귀비

학명 : *Papaver somniferum* L.
영명 : Opium Poppy

줄기 높이 0.6~1.7m. 곧게 자란다. 잎은 호생, 긴 타원형 또는 긴 난형으로 분백색을 띠며, 파상이다. 길이 9~20cm 잎 가장자리는 결각상으로 얕게 갈라지며, 톱니가 있다. 꽃은 줄기 끝에서 흰색 또는 진홍색, 분홍색 등으로 피며, 지름은 10cm, 꽃잎 길이는 6cm, 씨방은 타원상 구형으로 7~15개의 세로선이 있다. 미숙과일 때에는 연녹색이 나고, 분백색을 띠며 지름은 4~5cm이다. 원예 품종으로는 겹꽃양귀비(*P. somniferum* 'Paeony Flowered')가 있다.

1	2	3	4	5	6	7	8	9	10	11	12

▲ 양나팔꽃

양나팔꽃

학명 : *Ipomoea acuminata* (Vahl) Roem. & Schult.
　　　(*Ipomoea learii* Paxt., *Ipomoea indica*)
영명 : Blue Dawn Flower

　높이 6~9m. 잎은 상록성으로 암록색이 나며, 심장형 또는 세 갈래로 갈라진다. 잎의 길이는 7~14cm이다. 꽃의 지름은 6~8cm, 나팔 모양으로 핀다. 꽃색깔은 밝은 푸른색 내지는 푸른색으로, 3~5개가 집산화서로 많은 꽃이 핀다. 꽃은 만개하여 시간이 지나면 분홍색을 띤 보랏빛으로 변한다.

● 원산지 / 열대 아메리카
● 생활형 / 춘파 1년초
● 개화기 / 6~9월
● 용도 / 화단용, 트렐리스용, 철책 울타리용, 퍼걸러용, 분화용
● 햇빛 / 충분한 햇빛
● 온도 / 7℃ 월동, 16~30℃ 생육
● 관수 / 보통 관수
● 배양토 / 비옥한 사양토. 밭흙, 부엽, 모래는 5:3:2
● 번식 / 실생, 삽목, 분주, 취목

| 1 | 2 | 3 | 4 | 5 | 6 | 7 | 8 | 9 | 10 | 11 | 12 |

▲ 레드 그레이프 ('Red Grape')

▲ 빌베리 아이스 ('Bilberry Ice')

▲ 샬럿 로즈
('Charlotte Rose')

▲ 카르민글루트 ('Karminglut')

▲ 츠바넨부르크 블루
('Zwanenburg Blue')

닭의장풀과

- 원산지 / 미국
- 생활형 / 숙근성 다년초
- 개화기 / 5월
- 용도 / 화단용, 세포 실험용
- 햇빛 / 충분한 햇빛
- 온도 / 노지 월동, 16~25℃ 생육
- 관수 / 보통 관수
- 배양토 / 밭흙, 부엽, 모래 는 5:3:2, 노지 화단
- 번식 / 실생, 분주

양달개비 (자주달개비)

학명 : *Tradescantia reflexa* Rafin. (*T. ohiensis* Raf.)
영명 : Reflexus, Spiderwort

　높이 50cm 정도. 줄기와 잎은 다육질이며, 줄기는 군생한다. 잎은 호생, 넓은 선형이고, 길이는 30cm 정도 된다. 꽃은 가지 끝에서 남보라색으로 핀다. 꽃잎은 3개이며, 내화피는 3개로 남보라색이 난다. 수술은 6개이며, 수술대에는 털이 많고, 털은 염주 모양이다. 원예 품종에는 꽃 색깔이 흰색이나 분홍색, 연푸른색 등 많은 품종이 있다.

| 1 | 2 | 3 | 4 | 5 | 6 | 7 | 8 | 9 | 10 | 11 | 12 |

▲ 양딸기

양딸기

학명 : *Fragaria×ananassa* Duchesne
F. chiloensis (L.) Duch. var. *ananassa* L. H. Bailey
영명 : Strawberry

　높이 20cm 정도. 근출엽은 긴 잎자루가 있고, 3개의 소엽이 있다. 소엽은 난형, 가운데 잎은 크고, 양 가장자리의 잎은 작으며, 잎 뒷면에는 털이 밀생하고 가장자리에는 톱니가 있다. 개화 후 열매가 달리며, 열매가 성숙한 다음에 포복지가 발생한다. 꽃은 집산화서로 모여 피며, 지름이 2.5~3.5cm로 흰색이다. 꽃잎은 5개, 암술과 수술은 노란색이다. 열매는 지름이 2~5cm로 둥근 난형 또는 타원형이다. *Fragaria chiloensis* × *Fragaria virginiana*의 교배종이다.

- ●원산지 / 아메리카 서부, 원산종의 원예 교배종
- ●생활형 / 숙근성 다년초
- ●개화기 / 5~6월
- ●용도 / 식용(열매), 야채원용, 분식용, 정원용, 화단용
- ●햇빛 / 충분한 햇빛
- ●온도 / 노지 월동, 16~30℃ 생육
- ●관수 / 충분한 관수
- ●배양토 / 배수 요함, 다비성. 밭흙, 부엽, 모래는 4:4:2
- ●번식 / 포복지 분주

| 1 | 2 | 3 | 4 | 5 | 6 | 7 | 8 | 9 | 10 | 11 | 12 |

▲ 양참좁쌀풀

앵초과

- 원산지 / 유럽~터키
- 생활형 / 숙근성 다년초
- 개화기 / 6~8월
- 용도 / 화단용
- 햇빛 / 충분한 햇빛
- 온도 / 5℃ 월동, 통풍 요함, 16~30℃ 생육
- 관수 / 충분한 관수
- 배양토 / 밭흙, 부엽, 모래는 5:3:2, 배수 요함
- 번식 / 실생, 삽목

양참좁쌀풀

학명 : *Lysimachia punctata* L.
영명 : Garden Loosestrife

줄기 50~100cm, 프기 너비 50cm 정도. 곧게 자라며 분지한다. 잎은 대생 또는 4윤생, 난상 피침형이며, 잎자루가 없다. 잎의 길이는 8cm로 진녹색이 나며, 톱니는 없다. 꽃은 줄기 끝이나 잎겨드랑이에서 원추화서로 핀다. 지름은 2~2.5cm이고, 꽃자루는 짧으며, 꽃잎은 난원형, 밝은 노란색이다. 특산식물로 참좁쌀풀이 자생한다.

1	2	3	4	5	6	7	8	9	10	11	12

▲ 어리연꽃

어리연꽃

학명 : *Nymphoides indica* (L.) O. Kuntze
     (*Limnanthemum indicum* Thwaites)
영명 : Water Snowflake

높이 70~100cm, 포기 너비 50~100cm. 뿌리줄기가 있다. 잎은 물 위에 떠 있으며, 지름이 5~20cm로 원형 또는 타원상 심장형으로, 기부는 심장형, 연녹색이 나며 광택이 난다. 여름에는 지름이 2cm 정도 된다. 꽃은 잎자루 밑에 붙어 긴 꽃대가 자라고, 물 위로 나와 흰색 꽃이 피며, 가운데는 노란색이 난다. 꽃의 지름은 1.5cm, 꽃잎에는 털 같은 장식물이 있다. 열매는 삭과로 달린다.

- 원산지 / 한국, 일본, 중국, 아프리카, 동남 아시아, 타이완, 오스트레일리아
- 생활형 / 숙근성 수생 식물
- 개화기 / 7~8월
- 용도 / 분식 수재 화단용
- 햇빛 / 충분한 햇빛
- 온도 / 5℃ 월동, 통풍 요함, 16~30℃ 생육
- 관수 / 수생 식물
- 배양토 / 밭흙, 부엽, 모래는 5 : 3 : 2, 물 속 흙에 식재
- 번식 / 실생, 삽목, 분주

1	2	3	4	5	6	7	8	9	10	11	12

▲ 억새

벼과

- ●원산지 / 한국, 동남 아시아, 보르네오, 말레이시아
- ●생활형 / 숙근성 다년초
- ●개화기 / 9월
- ●용도 / 조경용, 지피 식물용, 절화용, 화훼 장식용
- ●햇빛 / 충분한 햇빛
- ●온도 / 노지 월동, 16~30℃ 생육
- ●관수 / 보통 관수
- ●배양토 / 노지 재배, 배수 요함
- ●번식 / 실생, 분주

억새

학명 : *Miscanthus sinensis* Anderss.
영명 : Siver Grass, Eulalia

　높이 1~2m. 줄기는 직립, 총생하며, 뿌리줄기는 짧고 굵다. 잎은 납작하고, 길이 1m, 너비 1~1.5cm로, 앞면에는 긴 털이 드문드문 나 있고, 뒷면에는 털이 밀생한다. 화서는 원추화서로 방사상이며, 많은 꽃이 핀다. 꽃 색깔이 빛에 반사되어 흰빛이 나고 군락이 져 있을 때 아름다운 경관을 이룬다. 근래에 와서 조경용으로 많이 이용되고 있다.

1	2	3	4	5	6	7	8	9	10	11	12

▲ 에델바이스

에델바이스

학명 : *Leontopodium alpinum* Cass.
영명 : Edelweiss

국화과

- 원산지 / 알프스 산, 티베트, 피레네 산맥, 투르키스탄, 시베리아 서부, 히말라야
- 생활형 / 다년초
- 개화기 / 5~6월
- 용도 / 분식용, 압화용
- 햇빛 / 충분한 햇빛
- 온도 / 노지 월동, 16~24℃ 생육
- 관수 / 보통 관수
- 배양토 / 밭흙, 부엽, 모래는 2:2:6, 노지 화단
- 번식 / 실생, 분주

　높이 10~20cm. 큰 것은 높이 30cm 정도 자란다. 줄기와 잎은 호생, 다육질이고, 뿌리줄기는 굵고 짧으며 분지한다. 잎은 선형 내지는 긴 타원상 피침형이며, 흰색의 털이 있고, 회록색이 난다. 잎의 길이는 4cm 정도이며, 근생엽은 도피침형이다. 꽃은 두상화 밑에 흰 솜털이 있는 여러 개의 긴 잎이 총포상으로 받치고 있다. 줄기 끝에는 7~9개의 두상화가 밀생한다.

1	2	3	4	5	6	7	8	9	10	11	12

▲ 에레무루스 스테노필루스

- 원산지 / 이란
- 생활형 / 숙근성 다년초
- 개화기 / 7월
- 용도 / 화단용, 절화용
- 햇빛 / 충분한 햇빛
- 온도 / 5℃ 월동, 16~23℃ 생육
- 관수 / 보통 관수
- 배양토 / 배수 요함, 사양토
- 번식 / 실생

에레므루스 스테노필루스

학명 : *Eremurus stenophyllus* (Boiss et Buhse) Bak.

높이 1~1.3m. 곧게 자란다. 잎은 좁고 털이 있다. 잎의 길이는 30~40cm이다. 꽃은 긴 꽃대가 1.3m 정도 높게 자라 총상화서로 작은 꽃이 조밀하게 많이 핀다. 꽃대 지름은 1~1.5cm로, 꽃은 노란색 또는 오렌지색으로 핀다. 개화 기간은 20~30일이며, 고온에 약하다.

1	2	3	4	5	6	7	8	9	10	11	12

▲ 에린지움 올리베리아눔

에린지움 올리베리아눔

학명 : *Eryngium oliverianum* F. Delar

높이 90cm, 포기 너비 45cm 정도. 줄기는 직립하며, 뿌리는 직근성이다. 근출엽은 난형으로 세 갈래로 갈라지며, 잎 끝에는 가시가 있고, 진녹색이 나며, 길이는 8~16cm이다. 줄기와 잎은 넷~다섯 갈래로 갈라진 장상엽이다. 줄기는 밝은 은청색이 나고, 꽃은 줄기 끝에서 길이 4cm 정도 되며, 원통형의 산형화서로 회은청색 꽃이 핀다. 포엽은 선형으로 가시 모양이다. 포엽의 길이는 최대 6cm이며, 꽃이 마르면 푸른 보라색이 난다. *E. alpinum* × *E. giganteum*의 종간 잡종이다.

- ●원산지 / 카프카스, 이란
- ●생활형 / 1년초
- ●개화기 / 5~6월
- ●용도 / 화단용, 화분용, 압화용, 절화용, 건화용
- ●햇빛 / 충분한 햇빛
- ●온도 / 5℃ 월동, 16~24℃ 생육
- ●관수 / 보통 관수
- ●배양토 / 밭흙, 부엽, 모래는 5:3:2, 노지 화단
- ●번식 / 실생

1	2	3	4	5	6	7	8	9	10	11	12

▲ 에크메아 파시아타

파인애플과

- 원산지 / 브라질 원산종의 원예 품종
- 생활형 / 상록 다년초
- 개화기 / 5~7월
- 용도 / 화분용, 실내 조경용
- 햇빛 / 반광
- 온도 / 5~8℃ 월동, 16~30℃ 생육
- 관수 / 보통 관수
- 배양토 / 수태, 피트모스. 밭흙, 부엽, 모래는 4:4:2
- 번식 / 실생, 흡지아 삽목

에크메아 파시아타

학명 : *Aechmea fasciata* Baker
영명 : Silver Vase, Vase Plant

높이 50cm 정도. 잎은 로제트상, 길이 50~60cm로 가죽질이고 억세며, 잎 가장자리에는 가시 모양의 톱니가 있다. 잎 색깔은 앞면에는 회록색과 은백색의 가로무늬가 있으며, 뒷면은 분백색을 띤 회백색이 난다. 꽃은 포기의 중앙에서 꽃대가 자라 끝 부분에서 피라미드형의 원추화서로 포엽이 나오고, 포엽은 산호색 내지는 연분홍색이 난다. 꽃은 포엽 사이에서 남보라색 꽃이 피며, 꽃잎은 3개이다. 분홍색 포엽은 3개월 정도 관상할 수 있다.

| 1 | 2 | 3 | 4 | 5 | 6 | 7 | 8 | 9 | 10 | 11 | 12 |

▲ 에키나세아 푸르푸레아 빅 스카이 선라이스 (*Echinacea purpurea* 'Big Sky Sunrise')

에키나세아 푸르푸레아
(자주 루드베키아)

학명 : *Echinacea purpurea* (L.) Moench
영명 : Purple Coneflower

● 원산지 / 미국의 중부, 동부
● 생활형 / 숙근성 다년초
● 개화기 / 7~10월
● 용도 / 화단용, 조경용, 컨테이너 장식용, 절화용
● 햇빛 / 충분한 햇빛
● 온도 / 노지 월동, 16~30℃ 생육
● 관수 / 보통 관수
● 배양토 / 배수 요함, 부식질이 많은 사양토
● 번식 / 실생, 분주

높이 60~100cm. 줄기와 잎에는 털이 밀생한다. 잎은 호생, 잎자루가 있으며, 난상 피침형으로 잎 가장자리에는 톱니가 있다. 꽃은 줄기 끝에 두상화로 피며, 지름이 10~15cm, 설상화는 길이 5~8cm로, 처음에는 수평으로 피나 오래 되면 늘어진다. 꽃 색깔은 연자분홍색, 자홍색 등이다. 화심은 검은 자갈색이 나며, 금속성 광택이 난다.

| 1 | 2 | 3 | 4 | 5 | 6 | 7 | 8 | 9 | 10 | 11 | 12 |

▲ 에키놉스 리트로

국화과

- 원산지 / 유럽~서부 아시아
- 생활형 / 숙근성 다년초
- 개화기 / 7~8월
- 용도 / 화단용, 절화용, 건조화용
- 햇빛 / 충분한 햇빛
- 온도 / 노지 월동, 16~30℃ 생육
- 관수 / 보통 관수
- 배양토 / 배수 요함, 부식질이 많은 사양토
- 번식 / 실생, 분주

에키놉스 리트로 (푸른공꽃)

학명 *Echinops ritro* L.
영명 : Blue Ball, Steel Globe Thistle

높이 70~80cm. 줄기는 직립, 기부로부터 분지한다. 잎은 진녹색으로 긴 타원형, 새의 깃 모양으로 갈라지고, 가장자리에는 톱니가 있다. 뒷면은 회백색이 나며, 부드러운 털이 밀생한다. 꽃은 두상화로 분지된 가지마다 가지 끝에서 브랏빛 푸른색 꽃이 핀다. 지름은 4~5cm이며, 공 모양으로 둥글다.

1	2	3	4	5	6	7	8	9	10	11	12

▲ 여주

여주

학명 : *Momordica charantia* L.
영명 : Balsam Pear, Bitter Momordica, Bitter Melon

높이 1~2m. 잎은 마디에서 잎과 덩굴손이 자라며, 잎자루가 있고 호생한다. 잎은 장상엽으로 다섯~일곱 갈래로 갈라지며, 잎 뒷면에는 맥 위에 털이 있다. 꽃은 한 그루에서 암꽃과 수꽃이 따로 핀다. 꽃은 통꽃으로 노란색이며, 지름이 2cm 정도 된다. 열매는 긴 타원형이며, 길이 10~20cm로 표면이 우툴두툴하게 돌출되어 있고, 연녹색이 난다. 열매가 익으면 터져서 주홍색 씨와 속 내용물이 보인다.

● 원산지 / 인도, 열대 아시아
● 생활형 / 춘파 덩굴성 1년초
● 개화기 / 6월
● 용도 / 트렐리스용, 철책 울타리용
● 햇빛 / 충분한 햇빛
● 온도 / 종자 월동, 16~30℃ 생육
● 관수 / 보통 관수
● 배양토 / 노지 재배
● 번식 / 실생

1	2	3	4	5	6	7	8	9	10	11	12

▲ 꽃　　　　　▲ 연꽃

수련과

- 원산지 / 오스트레일리아, 열대 및 온대 아시아
- 생활형 / 수생 근경 다년초
- 개화기 / 7~8월
- 용도 / 관화용, 수재 화단용, 컨테이너 식재용
- 햇빛 / 충분한 햇빛
- 온도 / 수중 흙 속에서 월동, 16~30℃ 생육
- 관수 / 수생 식물
- 배양토 / 밭흙, 부엽은 6:4
- 번식 / 실생, 뿌리줄기 분주

연꽃

학명 : *Nelumbo nucifera* Gaertn
영명 : Lotus, East Indian Lotus

　높이 1.5~2m, 포기 지름 80cm 정도. 잎은 뿌리줄기에서 긴 잎자루가 자라 방패 모양의 잎이 달린다. 잎 가장자리는 과상이며 백분이 있다. 잎의 길이는 25~90cm이며, 잎 표면에 물을 뿌리면 응집하여 굴러 떨어진다. 꽃의 지름은 20~30cm이고, 분홍색 또는 흰색 꽃이 핀다. 꽃은 겹꽃으로, 많은 원예 품종이 있다.

1	2	3	4	5	6	7	8	9	10	11	12

▲ 연지붓꽃

연지붓꽃

학명 : *Emilia flammea* Cass.
〔*E. coccinea* (Sims) D. Don, *E. sagittata* (Vahl.)
DC., *Cacalia coccinea* Sims〕
영명 : Tassel Flower, Floras Paintbrush

● 원산지 / 열대 아프리카, 동부 인도
● 생활형 / 춘파 1년초
● 개화기 / 6~10월
● 용도 / 관화용, 화단용, 절화용
● 햇빛 / 충분한 햇빛
● 온도 / 16~30℃ 생육
● 관수 / 보통 관수
● 배양토 / 노지 재배, 배수 요함. 밭흙, 부엽, 모래는 4:4:2
● 번식 / 실생

높이 45~60cm, 포기 너비 30~60cm. 잎의 길이는 14cm로 넓은 난형이며, 잎 가장자리에는 톱니가 있고, 끝은 뾰족하다. 잎자루에는 좁은 날개가 있으며, 줄기를 감싸고 있다. 꽃은 산방화서로 두상화는 주적색 또는 주홍색으로 50개의 통꽃이 핀다. 두상화의 지름은 13mm, 꽃대의 길이는 30cm 정도 된다. 변종에는 꽃 색깔이 노란색종과 오렌지색종이 있다. 화단에 군식하면 아름답다.

1	2	3	4	5	6	7	8	9	10	11	12

▲ 계루살렘 세이지

꿀풀과

- 원산지 / 지중해 연안 동부
- 생활형 / 온실 다년초
- 개화기 / 6~9월
- 용도 / 관상용, 허브용, 화단용, 포푸리용, 건화용
- 햇빛 / 충분한 햇빛
- 온도 / 5℃ 월동, 16~30℃ 성육
- 관수 / 건조하게 관수 관리
- B 양토 / 배수 요함. 밭흙, 부엽, 모래는 5:3:2
- 번식 / 실생, 삽목

예루살렘 세이지

학명 : *Phlomis fruticosa* L.
영명 : Jerusalem Sage

높이 1~1.5m, 포기 너비 1.5m 정도, 줄기는 곧게 자라며, 많이 분지한다. 잎은 대생, 타원상 피침형 또는 난상 피촌형으로, 길이 10cm 정도이다. 잎 앞면은 은녹색, 뒷면은 은벽색이 나며, 앞뒷면에는 은백색의 털이 있다. 꽃은 잎겨드랑이에서 마디마다 15~30개가 윤생으로 핀다. 꽃 길이는 3cm로, 순형화이고 통꽃이다. 잎에서는 독특한 레몬향이 난다.

1	2	3	4	5	6	7	8	9	10	11	12

▲ 예루살렘 체리

예루살렘 체리

학명 : *Solanum pseudocapsicum* L.
영명 : Jerusalem Cherry, Christsmas Cherry

높이 50~100cm, 포기 너비 50~70cm. 잎은 호생, 타원형으로, 끝은 둔하게 뾰족하고 파상이다. 잎의 길이는 8cm로, 진녹색이 나고 광택이 난다. 꽃은 잎겨드랑이에서 별 모양 흰색으로 피며, 꽃의 지름은 1.5cm 정도, 끝은 다섯 갈래로 갈라진다. 열매는 둥글고, 지름은 1.5cm 내외이며, 주적색 또는 노란색, 주황색으로 익는다. 원산지에 관해서는 유럽 남부, 지중해 연안, 열대 아시아, 브라질 등의 여러 설이 있다.

가지과

● 원산지 / 브라질
● 생활형 / 온실 관목상 다년초
● 개화기 / 5~7월
● 용도 / 관실용, 화단용, 분식용
● 햇빛 / 충분한 햇빛
● 온도 / 5℃ 월동, 16~30℃ 생육
● 관수 / 충분한 관수
● 배양토 / 노지 재배, 배수 요함. 밭흙, 부엽, 모래는 4:4:2
● 번식 / 실생, 삽목(아삽)

1	2	3	4	5	6	7	8	9	10	11	12

▲ 오레가노

오레가노

학명 : *Origanum vulgare* L.
영명 : Oregano, Wild Marjoram

- 원산지 / 유럽~서부 아시아
- 생활형 / 춘파 1년초
- 개화기 / 6~9월
- 용도 / 화단·허브·요리용, 허브 가든용, 절화 소재용
- 햇빛 / 충분한 햇빛
- 온도 / 16~30℃ 생육
- 관수 / 보통 관수
- 배양토 / 노지 화단 재배. 밭흙, 부엽, 모래는 5:3:2
- 번식 / 실생, 삽목, 분주

　높이와 너비 30~90cm. 뿌리줄기는 횡장성, 가지가 많이 분지한다. 잎은 대생, 털이 있으며, 난형 또는 넓은 난형으로 톱니는 없다. 잎의 길이는 4cm, 진녹색의 원형 또는 난형으로, 강한 향기가 난다. 꽃은 원추화서 또는 산방상으로 윤생하며, 연보라색 또는 흰색, 분홍색 꽃이 핀다. 잎 모양의 포는 길이가 1cm 정도로, 자색을 띤 녹색이 난다. 많은 원예 품종이 있다.

1	2	3	4	5	6	7	8	9	10	11	12

▲ 오리엔탈 양귀비

오리엔탈 양귀비

학명 : *Papaver oriental* L.
영명 : Oriental Poppy

   높이 0.8~1.5m. 줄기와 잎에는 털이 있으며, 잎은 새의 깃 모양으로 깊이 갈라지고, 갈라진 잎은 긴 타원형 또는 피침형이다. 꽃은 붉은 오렌지색 기부에 검은색 무늬가 있지만, 흰색에 노란색 무늬가 있는 것도 있다. 꽃잎은 4~6개, 도란형, 길이는 7~10cm이다. 많은 원예 품종이 있으며, 분홍색과 오렌지색 꽃이 있다.

양귀비과

- 원산지 / 아시아 서남부, 지중해~이란
- 생활형 / 숙근성 다년초
- 개화기 / 5~6월
- 용도 / 화단용
- 햇빛 / 충분한 햇빛
- 온도 / 16~23℃ 생육
- 관수 / 보통 관수
- 배양토 / 밭흙, 부엽, 모래는 5:3:2
- 번식 / 실생(이식 곤란)

1	2	3	4	5	6	7	8	9	10	11	12

▲ 소프라노 퍼플 ('Soprano Purple')

▲ 서니 실러 ('Sunny Sheila')

▲ 오렌지 심포니 ('Orange Symphony')

국화과

- ●원산지 / 원예 품종
- ●생활형 / 숙근성 다년초
- ●개화기 / 5~9월
- ●용도 / 화단용, 분화용, 절화용
- ●햇빛 / 충분한 햇빛
- ●온도 / 5℃ 월동, 16~30℃ 생육
- ●관수 / 보통 관수, 내건성
- ●배양토 / 밭흙, 부엽, 모래는 4:4:2
- ●번식 / 삽목, 분주

오스테오스페르뭄

학명 : *Osteospermum hybridum* Hort. cv.
영명 : Osteospermum

   높이 20~35cm. 줄기는 많이 분지한다. 잎의 길이는 5~10cm, 선상 피침형으로 녹색이 난다. 꽃의 지름은 5~8cm, 가지 끝에 두상화로 피고, 설상화는 새먼 오렌지색 또는 보타색, 노란색, 아이보리색 등 다양하게 피며, 중앙의 화심은 갈색을 띤 자흑색이 난다. 원예 교배에 의한 품종이다.

1	2	3	4	5	6	7	8	9	10	11	12

▲ 오스테오스페르뭄 윌리지그 (*Osteospermum* 'Whirligig')

오스테오스페르뭄 윌리지그

학명 : *Osteospermum hybridum* Hort. 'Whirligig'
영명 : Osteospermum

● 원산지 / 남아프리카의 케이프 동부
● 생활형 / 숙근성 다년초
● 개화기 / 5~9월
● 용도 / 화단용
● 햇빛 / 충분한 햇빛
● 온도 / 5℃ 월동, 16~23℃ 생육
● 관수 / 보통 관수
● 배양토 / 밭흙, 부엽, 모래는 5:3:2
● 번식 / 실생, 삽목

　높이 60cm 정도. 줄기는 분지한다. 잎은 길이 10cm 정도로 도피침형, 톱니가 있으며, 회록색이 난다. 꽃의 지름은 5~8cm, 가지 끝에 두상화로 피고, 설상화는 스푼 모양으로 중간이 말리며, 흰색으로 핀다. 설상화의 뒷면은 흰색, 회색을 띤 푸른색, 또는 연청색이 나며, 화심은 회색을 띤 푸른색이나 백황색이 난다. *Osteospermum ecklonis*의 원예 교배종이다.

1	2	3	4	5	6	7	8	9	10	11	12

▲ 오크라

- 원산지 / 동북 아프리카, 열대 아시아
- 생활형 / 춘파 1년초, 다년초(열대 지방)
- 개화기 / 7~10월
- 용도 / 화단용, 채소용, 절화용, 식용(열매)
- 햇빛 / 충분한 햇빛
- 온도 / 종자 월동, 16~30℃ 생육
- 관수 / 보통 관수
- 배양토 / 비옥한 사양토
- 번식 / 실생

오크라

학명 : *Abelmoschus esculentus* (L.) Moench
(*Hibiscus esculentus* (L.) Moench)
영명 : Gobo, Gombo, Okra Gumbo, Lady's-finger

높이 5~6m로 직립하여 자라나, 한국에서는 1~1.5m 자라며, 3~4개의 가지가 분지한다. 줄기에는 가시가 있으며 잎은 호생, 3~5개로 갈라진 장상엽으로, 길이와 너비는 15~30cm 된다. 꽃은 잎겨드랑이에서 1개씩 양성화로 피며, 합판화이다. 꽃받침과 꽃잎은 5개, 꽃자루는 짧고, 꽃 색깔은 노란색, 안쪽 중앙은 검붉은색이 난다. 꽃의 지름은 5~7cm로 밤부터 오전까지 피어 있다. 열매는 5~9각으로 능선이 있으며, 고추 모양으로 길고, 끝은 뾰족하다.

1	2	3	4	5	6	7	8	9	10	11	12

▲ 열매　　　　　　　　　▲ 옥수수

옥수수

학명 : *Zea mays* L.
영명 : Corn, Sweet Corn, Indian Corn, Corn Maize

높이 1~3m. 곧게 자란다. 줄기는 지름 1.5~2.5cm로 마디가 있고, 줄기 속은 흰색의 조직으로 되어 있으며, 표피는 녹색이고 광택이 난다. 잎은 호생, 잎자루는 없다. 잎은 납작하고, 길이 50~100cm로 녹색이며, 늘어진다. 자웅 이화로 수꽃은 줄기 윗부분에서 원추화서로 피며, 암꽃은 줄기 중간 부위에서 2~3개가 호생하며 핀다. 열매는 영과, 편구형이다.

1	2	3	4	5	6	7	8	9	10	11	12

벼과

- 원산지 / 남아메리카
- 생활형 / 춘파 1년초
- 개화기 / 7~8월
- 용도 / 절화용, 식용, 약용, 채유용, 장식용
- 햇빛 / 충분한 햇빛
- 온도 / 16~30℃ 생육
- 관수 / 보통 관수
- 배양토 / 비옥한 사양토. 밭흙, 부엽, 모래는 5:3:2
- 번식 / 실생

▲ 옥스아이 데이지

국화과

- ●원산지 / 유럽, 서부 아시아
- ●생활형 / 숙근성 다년초
- ●개화기 / 4~5월
- ●용도 / 화단용, 허브용, 절화용
- ●햇빛 / 충분한 햇빛
- ●온도 / 노지 월동, 고온에 약함, 16~30℃ 생육
- ●관수 / 보통 관수
- ●배양토 / 배수 요함, 비옥토, 밭흙, 부엽, 모래는 5:3:2
- ●번식 / 실생, 분주, 삽목

옥스아이 데이지

학명 : *Chrysanthemum leucanthemum* L.
(*Leucanthemum vulgare* Lam.)
영명 : Oxeye Daisy, White Daisy

　높이 30~100cm. 줄기는 곧고 가냘프게 자란다. 잎은 긴 타원상 선형 또는 도란상으로 톱니가 있으며, 녹색이다. 꽃은 줄기 끝에서 꽃대가 길게 자라 두상화가 1개씩 피고, 지름 7cm 정도이며, 설상화는 흰색, 화심은 노란색이다.

1	2	3	4	5	6	7	8	9	10	11	12

▲ 옥시페탈룸

옥시페탈룸

학명 : *Oxypetalum caerulea* (D. Don) Decne
　　　(*Tweedia caerulea* D. Don)
영명 : Blue Star

●원산지 / 브라질, 우루과이
●생활형 / 덩굴성 다년초
●개화기 / 3~4월, 7~8월
●용도 / 절화용, 분식용, 정원용
●햇빛 / 충분한 햇빛
●온도 / 5~8℃ 월동, 16~30℃ 생육
●관수 / 보통 관수
●배양토 / 밭흙, 부엽, 모래는 5:3:2
●번식 / 실생, 삽목

　높이 1~1.2m. 줄기에는 털이 밀생한다. 잎은 삼각상 긴 타원형으로 기부는 심장형이고 끝은 뾰족하며, 부드러운 흰색 털이 밀생한다. 꽃은 잎겨드랑이에서 1~5개가 피며, 처음에는 연푸른색이나 오래되면 진한 푸른색으로 변하고, 지름은 2cm 정도이다. 부화관은 작고 직립하며, 암청색이고, 길이는 3mm 정도이다. 열매는 대과(袋果)로 방추형이며, 길이는 15cm 정도이다.

1	2	3	4	5	6	7	8	9	10	11	12

▲ 옥잠화

백합과

- 원산지 / 중국
- 생활형 / 숙근성 다년초
- 개화기 / 8~9월
- 용도 / 화단용, 정원용
- 햇빛 / 햇빛과 반그늘
- 온도 / 노지 월동, 16~25℃ 생육
- 관수 / 보통 관수
- 배양토 / 밭흙, 부엽, 모래 는 5:3:2
- 번식 / 분주, 실생

옥잠화

학명 : *Hosta plantaginea* Aschers.
영명 : Fragrant Plantain Lily

　높이 40~60cm. 털은 없다. 잎은 난형 내지는 심장형으로 끝은 뾰족하고, 잎 가장자리는 약간 파상이며, 잎의 길이는 15~22cm, 너비는 10~17cm이다. 꽃은 총상화서로 꽃대 끝에서 나팔 모양으로 20여 개가 피는데, 끝은 여섯 갈래로 갈라져 있으며, 흰색이다.

| 1 | 2 | 3 | 4 | 5 | 6 | 7 | 8 | 9 | 10 | 11 | 12 |

▲ 온시듐

▲ 꽃

온시듐

학명 : *Oncidum hybridum* Hort. cv.
영명 : Oncidium

약 400종이 자생한다. 위구경은 납작하고, 둥근 원형 또는 타원형으로 연녹색이다. 잎은 위구경에서 1~3개가 나며, 가죽질, 타원형으로 길이 15~25cm 이다. 꽃대는 길이 25~100cm로, 분지한다. 꽃은 많이 피며, 황금색, 중앙부에 연갈색의 무늬가 있으며, 지름 2~4cm이다. 설판의 형태는 세 갈래로 갈라져 있으며, 가운데가 갈라진 잎은 넓은 타원형에 흰색 돌기가 있고, 꽃 색깔 또한 다양하다.

- 원산지 / 서인도, 멕시코, 볼리비아, 파라과이
- 생활형 / 상록 다년초
- 개화기 / 4~5월
- 용도 / 분화용, 착생 장식용
- 햇빛 / 반그늘
- 온도 / 7~8℃ 월동, 10~23℃ 생육
- 관수 / 보통 관수, 약간 다습
- 배양토 / 수태, 헤고
- 번식 / 분주, 실생

1	2	3	4	5	6	7	8	9	10	11	12

▲ 왕원추리

- 원산지 / 중국
- 생활형 / 숙근성 다년초
- 개화기 / 7월
- 용도 / 화단용, 정원용
- 햇빛 / 충분한 햇빛
- 온도 / 노지 월동, 16~25℃ 생육
- 관수 / 보통 관수
- 배양토 / 밭흙, 부엽, 모래 는 5:3:2
- 번식 / 분주

왕원추리

학명 : *Henerocallis fulva* L. var. *kwanso* Reg.

높이 40~60cm. 뿌리는 굵고 방추형으로 덩이뿌리가 있다. 잎은 대생, 서로 감싸고 있으며, 선형으로 뒤로 젖혀져 아치형이고, 끝은 뾰족하며, 길이 50~100cm, 너비 2.5~4cm이다. 꽃대는 길이 80~100cm이며, 끝에서 두 갈래로 갈라져 총상화서로 10~15개의 꽃이 핀다. 꽃은 붉은 오렌지색으로, 길이 10cm 지름 8cm 정도로 활짝 핀다.

| 1 | 2 | 3 | 4 | 5 | 6 | 7 | 8 | 9 | 10 | 11 | 12 |

▲ 용머리

용머리

학명 : *Dracocephalum argunense* Fisher ex Link
영명 : Dragon Head

　높이 30cm 정도. 줄기와 잎에는 잔털이 밀생하며, 줄기는 네모나 있다. 잎은 대생, 선형으로 길이 2~5cm, 너비 2~5mm이다. 줄기 아랫부분의 잎은 드물게 잎자루가 있으나 윗부분의 잎은 잎자루가 없다. 꽃은 집산화서로 줄기 끝에서 통꽃으로 피며, 보라색, 순형화이다. 윗부분의 꽃잎은 끝이 오목하고, 아랫부분의 꽃잎은 세 갈래로 갈라진다.

- ●원산지 / 한국, 일본, 중국, 아무르, 우수리, 시베리아
- ●생활형 / 숙근성 다년초
- ●개화기 / 6~8월
- ●용도 / 여름 화단용
- ●햇빛 / 충분한 햇빛
- ●온도 / 노지 월동, 16~25℃ 생육
- ●관수 / 충분한 관수
- ●배양토 / 배수 요함. 밭흙, 부엽, 모래는 5:3:2
- ●번식 / 실생, 분주, 삽목

| 1 | 2 | 3 | 4 | 5 | 6 | 7 | 8 | 9 | 10 | 11 | 12 |

▲ 우단동자꽃 (*Lychnis coronaria*)　　　　▲ 핑크 아이 ('Pink Eye')

석죽과

- ●원산지 / 서북 아프리카, 유럽 동남부, 중앙 아시아
- ●생활형 / 2년초, 숙근성 다년초
- ●개화기 / 5~7월
- ●용도 / 정원 화단용, 절화용
- ●햇빛 / 충분한 햇빛
- ●온도 / 5℃ 월동, 16~30℃ 생육
- ●관수 / 보통 관수, 내건성
- ●배양토 / 노지 재배
- ●번식 / 실생

우단동자꽃

학명 : *Lychnis coronaria* (L.) Desr.
　　　(*Agrostemma coronaria* L.)
영명 : Mullein Pink, Rose Campion, Dusty Miller

　높이 30~70cm. 줄기는 곧게 자란다. 줄기와 잎에는 솜털 같은 흰색 털이 밀생하여 흰색을 띤 회록색이 난다. 잎은 대생, 줄기 아랫부분의 잎은 도란상 긴 타원형으로 잎자루가 있으며, 줄기 윗부분의 잎은 긴 타원상 난형으로 잎자루가 없다. 꽃은 긴 꽃대가 여러 갈래로 분지한 끝에서 피며, 꽃 색깔은 붉은색이나 붉은 장미색, 연분홍색, 흰색이다. 꽃잎은 둥근 도란형으로, 꽃통 내부에는 작은 비늘조각이 있다.

1	2	3	4	5	6	7	8	9	10	11	12

▲ 오리온(*Saxifraga rosacea* 'Orion') 운간초

운간초

학명 : *Saxifraga rosacea* Moench
     (*S. decipiens* Ehrh.)
영명 : Mossy Saxifrage

높이 5cm 정도. 줄기는 잘 분지한다. 근생엽은 도란형으로 셋~다섯 갈래의 장상엽이며, 갈라진 잎은 좁고 끝이 뾰족하다. 잎은 선녹색에 약간 육질이며, 경엽은 설상형으로 단엽이거나 다섯 갈래로 깊이 갈라진다. 꽃대 길이는 8~15cm로, 꽃은 취산화서로 2~10개가 피며, 꽃 색깔은 흰색, 연홍색, 흰색에 가장자리가 붉은색이다. 꽃잎은 5개이며, 3~5개의 맥이 있다. 꽃받침의 갈라진 잎은 난상 피침형이며, 끝이 둔하고 털이 있다. 변이종이 많다.

1	2	3	4	5	6	7	8	9	10	11	12

▲ 원추리

백합과

- 원산지 / 한국, 중국
- 생활형 / 숙근성 다년초
- 개화기 / 7월
- 용도 / 화단용, 정원용, 식용 (어린 잎, 꽃), 약용
- 햇빛 / 충분한 햇빛
- 온도 / 노지 월동, 16~30℃ 생육
- 관수 / 보통 관수
- 배양토 / 밭흙, 부엽, 모래 는 5:3:2
- 번식 / 분주, 조직 배양

원추리

학명 : *Hemerocallis fulva* (L.) L.
영명 : Orange Day Lily, Tawny Day Lily, Fulvous Day Lily

　높이 40~80cm. 뿌리는 방추형의 흰 덩이뿌리가 있다. 잎은 대생, 기부에서 서로 마주 감싸며, 선형이 고, 아치형으로 자라며 끝은 뾰족하다. 꽃대는 길이 80~100cm, 끝에서 분지하여 총상화서로 6~8개의 꽃이 붉은 오렌지색으로 핀다. 꽃의 길이는 9~13cm, 꽃통의 길이는 1.5~2.7cm로, 활짝 핀다.

| 1 | 2 | 3 | 4 | 5 | 6 | 7 | 8 | 9 | 10 | 11 | 12 |

▲ 웨델리아

웨델리아

학명 : *Wedelia trilobata* A.S. Hitchc.
영명 : Wedelia

높이 15~20cm, 줄기 길이 2m 정도. 잎은 대생, 타원형 내지 난형으로 끝은 뾰족하며, 톱니가 있고, 3엽으로 얕게 갈라지며, 녹색이다. 꽃은 길이 15cm 정도의 꽃대가 곧게 자라 끝에서 두상화로 피며, 꽃 색깔은 노란색, 지름은 1.5~2cm이다. 설상화는 9 개, 화심은 진황색이고, 총포는 녹색이다.

국화과

- 원산지 / 중앙 아메리카, 열대 아메리카, 서인도
- 생활형 / 덩굴성 상록 다년초
- 개화기 / 7~9월
- 용도 / 화분용, 지피 식물용 (열대)
- 햇빛 / 충분한 햇빛, 반광
- 온도 / 5℃ 월동, 16~35℃ 생육
- 관수 / 보통 관수
- 배양토 / 밭흙, 부엽, 모래 는 5:3:2
- 번식 / 삽목, 분주

| 1 | 2 | 3 | 4 | 5 | 6 | 7 | 8 | 9 | 10 | 11 | 12 |

▲ 유다화(*Euphorbia* 'Diamond Frost')

대극과

- ●원산지 / 원예 교배종
- ●생활형 / 온실 상록 다년초
- ●개화기 / 7~9월
- ●용도 / 분화용, 지피 식물용
- ●햇빛 / 충분한 햇빛, 반광
- ●온도 / 0℃ 월동, 16~30℃ 생육
- ●관수 / 보통 관수
- ●배양토 / 밭흙, 부엽, 모래 는 4:4:2
- ●번식 / 분주

유다화

학명 : *Euphorbia* 'Diamond Frost'

　높이 30~45cm. 줄기는 총생, 가늘고 많이 분지하며, 녹색이다. 잎은 긴 타원상으로 잎자루가 있거나 없으며, 녹색이다. 분지된 가지 끝에서 흰색의 작은 포엽이 꽃잎처럼 자라고, 꽃은 녹색의 꽃받침에 싸여 작은 꽃이 가냘프게 핀다.

1	2	3	4	5	6	7	8	9	10	11	12

▲ 유리오프스 펙티나투스

유리오프스 펙티나투스

학명 : *Euryops pectinatus* Cass.
영명 : Gray-leaved Euryops

국화과

높이 90cm. 줄기와 잎에는 부드러운 털이 밀생한다. 잎은 새의 깃 모양으로 깊게 갈라지고, 은회색, 길이는 약 7cm 정도이며, 갈라진 잎은 선형으로 끝은 둔하다. 꽃은 길이 15cm 정도의 꽃대가 자라 끝에서 두상화로 피며, 꽃 색깔은 노란색, 지름은 3~4cm이다. 설상화는 13개 내외이며, 다습하면 부패한다.

- 원산지 / 남아프리카
- 생활형 / 온실 상록 다년초
- 개화기 / 4~6월
- 용도 / 분화용, 컨테이너용
- 햇빛 / 충분한 햇빛
- 온도 / 0℃ 월동, 16~30℃ 생육
- 관수 / 보통 관수, 내건성
- 배양토 / 배수 요함, 노지 재배. 밭흙, 부엽, 모래는 4:4:2
- 번식 / 삽목

1	2	3	4	5	6	7	8	9	10	11	12

▲ 리사 핑크('Lisa Pink')

▲ 슈퍼 매직('Super Magic')

▲ 파소 더블 화이트('Paso Double White')

▲ 에코('Echo')

용담과

- 원산지 / 북아메리카
- 생활형 / 1, 2년초
- 개화기 / 4~7월
- 용도 / 분화용, 화단용. 절화용, 정원용
- 햇빛 / 충분한 햇빛
- 온도 / 5℃ 월동, 16~30℃ 생육, 내서성
- 관수 / 보통 관수
- 배양토 / 밭흙, 부엽, 모래는 5:3:2
- 번식 / 실생

유스토마(리시안서스, 꽃도라지)

학명 : *Eustoma grandiflorum* (Raf.) Shinn
(*Lisianthus russellianus* Hook.)
영명 : Eustoma, Lisianthus

높이 60~90cm. 줄기는 곧게 자라거나 분지한다. 잎은 대생, 난형 내지는 긴 타원형으로 회록색이며, 길이는 7.5cm이다. 꽃은 줄기나 가지의 잎겨드랑이와 끝에 원추화서로 종 모양으로 피며, 꽃 색깔은 보라색, 흰색, 청자색, 연분홍색이고, 지름은 3~7cm이다. 꽃잎은 5개, 도란형 또는 긴 타원형으로, 꽃잎 가장자리는 주름진 파상이다.

1	2	3	4	5	6	7	8	9	10	11	12

▲ 유코미스 바이컬러

유코미스 바이컬러

학명 : *Eucomis bicolor* Bak. cv.
영명 : Pineapple Flower

백합과

- 원산지 / 남아프리카
- 생활형 / 구근 다년초
- 개화기 / 7~9월
- 용도 / 분화용, 절화용, 정원용(난지)
- 햇빛 / 반광
- 온도 / 5℃ 월동, 16~30℃ 생육
- 관수 / 보통 관수
- 배양토 / 배수 요함, 비옥토. 밭흙, 부엽, 모래는 4:4:2
- 번식 / 실생

　높이 75cm 정도. 잎은 길이 30~45cm, 너비 7.5~10cm로 잎 가장자리는 파상이다. 꽃대는 길이 40~50cm이며, 암자색의 점무늬가 생긴다. 꽃은 총상화서로 피며, 연황록색이고, 지름은 2cm 정도이다. 꽃잎은 6개이고, 기부는 붙어 있으며, 꽃잎 가장자리에는 붉은 자주색 테가 있다. 꽃대 끝에는 파인애플 모양의 엽상포가 30~40개 있다. 수술대는 자갈색이며, 꽃밥은 연황색이다.

1	2	3	4	5	6	7	8	9	10	11	12

▲ 유홍초

- 원산지 / 열대 아메리카
- 생활형 / 춘파 1년초
- 개화기 / 7~9월
- 용도 / 화단용, 트렐리스용
- 햇빛 / 충분한 햇빛
- 온도 / 종자 월동, 16~30℃ 생육
- 관수 / 충분한 관수
- 배양토 / 노지 재배. 밭흙, 부엽, 모래는 5:3:2
- 번식 / 실생

유홍초

학명 : *Ipomoea pennata* Bojer
[*I. quamoclit* L., *Q. pennata* (Desr.) Bojer, *Q. vulgaris* Choisy]
영명 : Cypress Vine

줄기는 덩굴성으로 길이 1~2m. 잎은 호생, 잎자루가 있고, 우상엽으로 갈라지는데, 누홍초에 비해 우상엽은 좁다. 꽃은 붉은색, 잎겨드랑이에서 나온 긴 꽃대 끝에 나팔 모양으로 활짝 피며, 지름은 2cm 정도이다. 꽃잎은 끝 부분이 별 모양으로 다섯 갈래로 갈라진다. 꽃통은 길이 3cm 정도로 가늘고 길며, 꽃받침은 다섯 갈래로 갈라진다.

| 1 | 2 | 3 | 4 | 5 | 6 | 7 | 8 | 9 | 10 | 11 | 12 |

▲ 은방울꽃

은방울꽃

학명 : *Convallaria keiskei* Miquel
영명 : Lily of the Valley

●원산지 / 유럽, 온대 아시아, 한국
●생활형 / 숙근성 다년초
●개화기 / 4~6월(남~북부)
●용도 / 화단용, 분화용
●햇빛 / 햇빛, 반광
●온도 / 노지 월동, 16~30℃ 생육
●관수 / 충분한 관수
●배양토 / 노지 재배. 밭흙, 부엽, 모래는 5:3:2
●번식 / 뿌리줄기 분주

  높이 15~25cm. 줄기는 위경으로 잎 기부가 엽초로 싸이며, 땅속줄기는 횡장성으로 수염뿌리가 있다. 잎은 넓은 타원형 또는 긴 타원형으로 끝이 뾰족하다. 꽃대는 뿌리줄기로부터 잎 사이에서 잎의 길이보다 짧게 자라며, 아치형으로 길이는 15~20cm이다. 꽃은 흰색, 총상화서도 종 모양의 9~14개가 편측형으로 아래를 향하여 핀다.

| 1 | 2 | 3 | 4 | 5 | 6 | 7 | 8 | 9 | 10 | 11 | 12 |

▲ 이베리스 아마라 화이트 레이스(*Iberis amara* 'White Lace')

십자화과

- 원산지 / 유럽의 서부와 영국
- 생활형 / 1년초
- 개화기 / 3~5월
- 용도 / 화단용, 절화용
- 햇빛 / 충분한 햇빛
- 온도 / 10~21℃ 생육
- 관수 / 보통 관수
- 배양토 / 노지 재배. 밭흙, 부엽, 모래는 5:3:2
- 번식 / 실생

이베리스 아마라

학명 : *Iberis amara* L.
영명 : Hyacinth-flowered Candytuft, Rocket Candytuft

높이 20~50cm, 줄기는 곧게 자라며 분지한다. 줄기 기부에는 털이 없고 윗부분에는 털이 있다. 잎은 호생, 두껍고, 도피침형 또는 선형으로 끝 부분에 몇 개의 조밀한 가시가 있으며, 길이는 8~10cm이다. 꽃은 흰색, 처음에는 산방상으로 피다가 꽃대가 자라면서 총상화서로 핀다. 꽃받침잎과 꽃잎은 각각 4개이며, 일찍 떨어진다. 열매는 둥글고, 종자는 납작하다.

| 1 | 2 | 3 | 4 | 5 | 6 | 7 | 8 | 9 | 10 | 11 | 12 |

▲ 이스터 캑터스

이스터 캑터스

학명 : *Rhipsalidopsis gaertneri* Werd.
〔*Schlumbergera gaertneri* (Regel) Britt & Rose〕
영명 : Easter Cactus

　높이 15cm, 포기 너비 30cm 정도. 마디 줄기는 납작하고, 가장자리는 둥글며, 잎에는 둔한 톱니가 있다. 잎의 길이는 3~4cm, 너비는 2~2.5cm이다. 꽃은 줄기나 가지 끝에서 하늘을 향하거나 옆을 향하여 1~2개가 피며, 꽃 색깔은 분홍색 또는 붉은색이다. 개화기는 봄이지만 늦여름부터 초가을에 피기도 한다.

| 1 | 2 | 3 | 4 | 5 | 6 | 7 | 8 | 9 | 10 | 11 | 12 |

▲ 일본국화

- 원산지 / 일본
- 생활형 / 온실 다년초
- 개화기 / 10~11월
- 용도 / 화단용, 분화용
- 햇빛 / 충분한 햇빛
- 온도 / 0℃ 월동, 16~25℃ 생육
- 관수 / 보통 관수
- 배양토 / 밭흙, 부엽, 모래는 5:3:2
- 번식 / 실생, 분주, 삽목

일본극화

학명 : *Chrysanthemum pacificum* Nakai
〔*Dendranthemum pacificum* (Nakai) Kitam., *Ajania pacifica*〕
영명 : Nippon Chrysanthemum

높이 30~40cm. 가지는 기부로부터 분지한다. 잎은 호생, 도피칠형 내지 도란형으로 둔한 톱니가 있으며, 잎 가장자리에는 은백색의 테가 있다. 잎 표면은 암녹색이고 뒷면은 은백색이다. 꽃은 노란색, 산방화서로 줄기 끝에서 많은 두상화가 달리며, 두상화는 지름 2cm이고, 화서는 지름 10cm 정도이다.

1	2	3	4	5	6	7	8	9	10	11	12

▲ 일본 데이지

일본 데이지

학명 : *Chrysanthemum nipponicum* (Franch.) Matsum.
영명 : Nippon Daisy

●원산지 / 일본
●생활형 / 숙근성 다년초
●개화기 / 9~10월
●용도 / 화단용, 절화용
●햇빛 / 충분한 햇빛
●온도 / 0℃ 월동, 16~30℃ 생육
●관수 / 보통 관수
●배양토 / 배수 요함, 비옥한 사양토
●번식 / 실생, 분주, 삽목

　높이 80~120cm. 줄기는 곧게 자라며, 기부에서 분지한다. 잎은 호생, 설상형으로 두껍고, 잎 가장자리에는 잔 톱니가 있으며, 끝은 둔하게 뾰족하고, 길이는 5~9cm이다. 꽃대는 줄기나 가지 끝에서 길게 자란다. 꽃은 두상화서로 피며, 설상화는 흰색, 지름은 6cm 정도이고, 화심은 노란색이다.

1	2	3	4	5	6	7	8	9	10	11	12

▲ 일일초 흰 꽃

▲ 일일초 붉은색 꽃

▲ 래즈베리 쿨러('Raspberry Cooler')

▲ 빅토리 크랜베리('Victory Cranberry')

협죽도과

- 원산지 / 마다가스카르, 자바, 브라질
- 생활형 / 반관목상 다년초이나 1년초로 취급되는 관화 식물
- 개화기 / 7~9월
- 용도 / 화단용, 허브용
- 햇빛 / 충분한 햇빛
- 온도 / 16~30℃ 생육
- 관수 / 보통 관수
- 배양토 / 비옥한 사양토
- 번식 / 실생, 삽목

일일초

학명 : *Catharanthus roseus* (L.) G. Don
　　　(*Vinca rosea* L.)
영명 : Madagascar Periwinkle

　높이 30~60cm. 줄기는 곧게 자라며, 많이 분지한다. 잎은 대생, 긴 타원형으로 끝은 둔하게 뾰족하며, 털이 있고, 녹색에 흰색의 주맥이 있으며, 길이는 2.5~5cm이다. 꽃은 짧은 꽃대에 매일 1개씩 피며, 꽃 색깔은 흰색, 분홍색, 붉은색 등이다. 꽃잎은 5개로 갈라져 있다.

1	2	3	4	5	6	7	8	9	10	11	12

▲ 입성달개비

입성달개비

학명 : *Dichorisandra thyrsiflora* Mikan
영명 : Blue Ginger

　높이 1~2.5m. 줄기는 곧게 자란다. 짧은 뿌리줄기 모양의 뿌리가 있다. 잎은 나선상으로 호생, 타원상 피침형으로 끝이 뾰족하며, 앞면은 녹색으로 광택이 나고, 뒷면은 보라색이며, 길이는 20~30cm이다. 꽃은 총상화서로 줄기 끝에서 조밀하게 청보라색으로 피며, 지름은 1~2cm, 화서의 길이는 13~20cm이고, 꽃밥은 노란색이다.

닭의장풀과

● 원산지 / 브라질
● 생활형 / 온실 상록 다년초
● 개화기 / 9~12월
● 용도 / 분화용
● 햇빛 / 반광(여름), 충분한 햇빛(겨울)
● 온도 / 12℃ 월동, 16~25℃ 생육
● 관수 / 보통 관수
● 배양토 / 밭흙, 부엽, 모래는 4:4:2
● 번식 / 삽목, 분주

1	2	3	4	5	6	7	8	9	10	11	12

▲ 잇꽃

국화과

- ●원산지 / 이집트, 에티오피아, 중앙 아시아
- ●생활형 / 춘파 1년초
- ●개화기 / 6~7월
- ●용도 / 화단용, 허브용, 약용, 절화용
- ●햇빛 / 충분한 햇빛
- ●온도 / 16~30℃ 생육
- ●관수 / 보통 관수
- ●배양토 / 배수 요함, 화단용, 비옥한 사양토
- ●번식 / 실생

잇꽃 (홍화)

학명 : *Carthamus tinctorius* L.
영명 : False Safflower, Bastard Safflower

높이 90~100cm. 줄기는 곧게 자라며, 7~15개로 분지하고, 지름은 7~3mm이다. 뿌리는 직근성으로 굵으며, 지표 부근에는 잔뿌리가 많다. 잎은 호생, 넓은 타원형으로 끝은 뾰족하며, 진녹색, 잎 가장자리에는 가시 모양의 톱니가 있다. 꽃은 주황색으로 줄기 끝에서 두상화로 피며, 지름은 2.5~4cm, 길이는 2.5cm 정도이다. 열매는 수과로 윤기가 나는 흰색이고, 관모는 짧으며, 길이는 6mm 정도이다.

| 1 | 2 | 3 | 4 | 5 | 6 | 7 | 8 | 9 | 10 | 11 | 12 |

▲ 잉글리시 데이지

잉글리시 데이지

학명 : *Bellis perennis* L. var. *fistulosa* Hort.
영명 : English Daisy, True Daisy

높이 10~20cm. 잎은 로제트상으로 자라며, 잎자루가 있고, 역피침형 또는 도란형, 주걱형으로 녹색이며, 길이는 2.5~6cm이다. 꽃은 길이 6~9cm의 꽃대가 자라 끝에서 1개의 두상화가 홑꽃 또는 겹꽃으로 피며, 꽃 색깔은 흰색 또는 분홍색, 보라색, 진홍색이고, 지름은 2.5~5cm이며, 화심은 붉은색이다. 많은 원예 품종이 있다.

- ●원산지 / 서유럽, 터키, 지중해 연안
- ●생활형 / 추파 1년초
- ●개화기 / 4~5월
- ●용도 / 화단용, 컨테이너용
- ●햇빛 / 충분한 햇빛
- ●온도 / 5℃ 이상 월동, 10~21℃ 생육
- ●관수 / 보통 관수
- ●배양토 / 비옥한 사양토. 밭흙, 부엽, 모래는 5:3:2
- ●번식 / 실생

1	2	3	4	5	6	7	8	9	10	11	12

▲ 자란

난초과

- 원산지 / 한국, 일본, 중국
- 생활형 / 숙근성 다년초
- 개화기 / 5~6월
- 용도 / 분화용, 화단용
- 햇빛 / 반그늘
- 온도 / 3℃ 월동, 16~25℃ 성육
- 관수 / 보통 관수
- 배양토 / 수태, 노지 화단. 밭흙, 부엽, 모래는 4:4:2
- 번식 / 분주

자란

학명 : *Bletilla striata* (Thunb.) Reichb. fil.

높이 15~30cm. 줄기는 위경이고, 잎은 5~6개가 호생, 세로로 주름살이 있으며, 길이는 15~30cm, 너비는 1~5cm이다. 꽃은 총상화서로 길이 30~50cm 의 꽃대 끝에서 3~7개가 피며, 꽃 색깔은 자홍색, 꽃의 길이는 2.5~3cm, 너비는 6~8mm이다. 순판 은 쐐기 모양의 난형이다. 열매는 삭과로, 긴 타원형 이다.

1	2	3	4	5	6	7	8	9	10	11	12

▲ 자크만니 클레마티스

자크만니 클레마티스

학명 : *Clematis jackmanii* T. Moore
영명 : Jackmanii Clematis

영국의 Jackman이 *Clematis lanuginosa* × *C. viticella*의 종간 교배로 육성해 낸 원예 품종으로, 줄기는 4~9m 자란다. 생육이 왕성하고 다화성이다. 잎은 대생한다. 꽃은 꽃받침이 꽃잎 모양, 4~6개가 자라며, 푸른 보라색이 난다. 꽃받침의 지름은 12.5~15cm로 내한성도 강해, 한국에서 화단이나 창문가에서 재배되고 있다.

| 1 | 2 | 3 | 4 | 5 | 6 | 7 | 8 | 9 | 10 | 11 | 12 |

▲ 접시꽃 (*Althaea rosea*)

▲ 니그라 ('Nigra')

▲ 알바 ('Alba')

아욱과

- 원산지 / 중국, 시리아
- 생활형 / 2년초
- 개화기 / 6~8월
- 용도 / 화단용, 정원용
- 햇빛 / 반그늘
- 온도 / 노지 월동, 16~30℃ 생육
- 관수 / 보통 관수
- 태양토 / 노지 재배, 배수 좋음. 밭흙, 부엽, 모래는 5:3:2
- 번식 / 실생, 분주, 아삽

접시꽃

학명 : *Althaea rosea* Cav.
　　　(*Alcea rosea* L.)
영명 : Hollyhock

　높이 1~3m. 줄기는 곧게 자란다. 잎은 잎자루가 있고, 둥근 심장형으로 셋~일곱 갈래로 얕게 갈라지며, 둔한 톱니가 있다. 식물 전체에는 잔털이 밀생하며, 연녹색, 길이 3.5cm 정도이다. 꽃은 총상화서로 줄기 끝에서 피며, 꽃 색깔은 흰색, 자분홍색, 분홍색, 노란색, 검은 자주색이고, 지름은 5~10cm이다. 원예 품종으로는 겹꽃종과 홑꽃종이 있으며, 꽃잎이 파상인 것도 있다.

1	2	3	4	5	6	7	8	9	10	11	12

▲ 제라늄

제라늄

학명 : *Pelagonium × hortorum* L. H. Bailey
영명 : Fish Geranium, Zonal Geranium

　높이 20~60cm. 줄기는 다육질이나 오래 되면 목질화한다. 줄기와 잎에서는 특유한 냄새가 난다. 잎은 호생, 둥근형으로 부드러운 털이 밀생하며, 길이 7~12cm이다. 잎 가장자리에는 둔한 톱니나 잔톱니가 있다. 꽃은 산형화서로 줄기나 가지 끝에서 긴 꽃대가 자라 피며, 색깔은 다양하다. 많은 원예 교배종이 있으며, 홑꽃종과 겹꽃종이 있다.

쥐손이풀과

- 원산지 / 원예 교배종
- 생활형 / 온실 상록 다년초
- 개화기 / 6~9월
- 용도 / 화단용, 분화용, 창문 화단용
- 햇빛 / 충분한 햇빛
- 온도 / 5~10℃ 월동, 16~30℃ 생육
- 관수 / 보통 관수
- 배양토 / 밭흙, 부엽, 모래는 2:4:4
- 번식 / 삽목

1	2	3	4	5	6	7	8	9	10	11	12

▲ 제라늄 상귀네움 알펜글로(*Geranium sanguineum* 'Alpenglow')

쥐손이풀과

- 원산지 / 유럽~카프카스
- 생활형 / 숙근성 다년초
- 개화기 / 7~8월
- 용도 / 지피 식물용
- 햇빛 / 충분한 햇빛
- 온도 / 5℃ 월동, 16~30℃ 생육
- 관수 / 충분한 관수, 적습지
- 배양토 / 노지 재배. 밭흙, 부엽, 모래는 5:3:2
- 번식 / 실생, 분주

제라늄 상귀네움

학명 : *Geranium sanguineum* L.

높이 20~60cm. 줄기와 잎에는 털이 있다. 줄기는 가늘며, 누워서 자란다. 잎은 대생, 긴 잎자루가 있으며, 신장형으로 너비 3~6cm, 잎자루 끝에서 삼엽으로 깊게 갈라지고, 소엽은 다시 세 갈래로 갈라진다. 꽃은 잎겨드랑이에서 긴 꽃대가 자라 끝에서 1~3개가 피며, 자홍색이다. 꽃잎은 5개이며, 둥근 도란형으로 끝이 오목하다.

1	2	3	4	5	6	7	8	9	10	11	12

▲ 조

조

학명 : *Setaria italica* (L.) Beauvois
영명 : Foxtail Millet, Bengal Grass, Barn Grass, Chinese Grass

　높이 1~1.5m. 곧게 외대로 자란다. 잎은 선상 피침형으로 끝은 뾰족하고, 늘어지며, 잔털이 밀생한다. 꽃은 복수상화서로 줄기 끝에서 원통형으로 곧게 피며, 열매가 열리면 화서는 늘어지고, 처음에는 녹색이지만 9~10월에는 노란색 또는 적황색으로 익는다.

| 1 | 2 | 3 | 4 | 5 | 6 | 7 | 8 | 9 | 10 | 11 | 12 |

벼과

● 원산지 / 동부 아시아
● 생활형 / 밭작물 춘파 1년초
● 개화기 / 7~8월
● 용도 / 밭작물, 절화용, 식용
● 햇빛 / 충분한 햇빛
● 온도 / 16~30℃ 생육
● 관수 / 보통 관수
● 배양토 / 노지 재배
● 번식 / 실생

▲ 조롱박

박과

- 원산지 / 북아프리카
- 생활형 / 춘파 1년초
- 개화기 / 6~9월
- 용도 / 아치형, 퍼걸러용, 트렐리스용, 관실용
- 햇빛 / 충분한 햇빛
- 온도 / 16~30℃ 생육
- 관수 / 보통 관수
- 배양토 / 노지 재배
- 번식 / 실생

조롱박

학명 : *Lagenaria siceraria* (Mol.) Standl. var. *gourda* Makino

영명 : Bottle Gourd

　줄기는 길이 3~5m, 지름 1cm 정도. 잎은 호생, 잎자루가 있고. 둥근 심장형으로 잎 가장자리에는 둔한 톱니가 있거나 없다 꽃은 긴 꽃대가 자라 끝에서 흰색으로 피며, 꽃잎은 다섯 갈래로 갈라진다. 열매는 도란상 두형으로 가운데가 잘록하며, 호리병 모양으로 늘어져 달린다. 생장력은 왕성하며, 비옥한 사양토에서 잘 생육한다.

| 1 | 2 | 3 | 4 | 5 | 6 | 7 | 8 | 9 | 10 | 11 | 12 |

▲ 흰 꽃   ▲ 좁은잎백일홍

좁은잎백일홍

학명 : *Zinnia angustifolia* H. B. K.

높이 25~30cm. 줄기는 곧게 자라며, 많이 분지한다. 잎은 대생, 잎자루가 없고, 선상 피침형으로 끝이 뾰족하다. 꽃은 가지 끝에서 두상화로 피며, 황금색, 지름 3.5~5cm이다. 설상화는 둥근 타원형이며, 1~2개는 끝 부분이 톱니 모양으로 갈라져 있다. 원예 품종의 꽃 색깔은 노란색, 오렌지색, 붉은 오렌지색, 흰색이며, 화심은 진한 오렌지색이다.

국화과

- 원산지 / 멕시코
- 생활형 / 춘파 1년초
- 개화기 / 7~10월
- 용도 / 화단용, 분화용, 컨테이너용, 절화용
- 햇빛 / 충분한 햇빛
- 온도 / 종자 월동, 16~30℃ 생육
- 관수 / 보통 관수
- 배양토 / 노지 재배, 배수 요함. 밭흙, 부엽, 모래는 5:3:2
- 번식 / 실생

1	2	3	4	5	6	7	8	9	10	11	12

▲ 좁은잎 빈카

협죽도과

- 원산지 / 중부 유럽
- 생활형 / 온실 덩굴성 상록 다년초
- 개화기 / 4~7월
- 용도 / 지피 식물용, 공중 걸이용
- 햇빛 / 반그늘
- 온도 / −10℃ 이상 월동, 16~30℃ 생육
- 관수 / 충분한 관수
- 배양토 / 밭흙, 부엽, 모래 는 4:4:2
- 번식 / 삽목, 분주

좁은잎 빈카

학명 : *Vinca minor* L.
영명 : Common Periwinkle, Lesser Periwinkle

줄기 길이 50~60cm. 땅 위로 뻗으며 자란다. 줄기 마디에서는 뿌리가 내린다. 잎은 대생, 타원형으로 양 끝은 뾰족하며, 길이는 3.7cm 정도이다. 꽃은 줄기 윗부분의 옆겨드랑이에서 1개씩 피며, 푸른 보라색이다. 꽃이 피는 줄기는 짧고 곧게 서며, 잎은 잎자루가 짧다. 꽃받침은 짧은 피침형으로 둥글며, 꽃통 길이보다 짧다.

1	2	3	4	5	6	7	8	9	10	11	12

▲ 벨스 어브 홀란드(*Campanula medium* 'Bells of Holland') 종꽃

종꽃

학명 : *Campanula medium* L.
영명 : Canterbury Bell, Bellflower

　높이 60~90cm, 포기 너비 30cm 정도. 기부의 잎은 피침형 내지 타원형으로 톱니가 있으며, 녹색이 난다. 길이 12~15cm로, 줄기에 난 잎은 기부의 잎보다 작다. 꽃은 총상화서로 줄기 윗부분에서 종 모양으로 푸른색, 분홍색, 흰색 등으로 피며, 지름 2.5~4cm이다.

초롱꽃과

- 원산지 / 유럽 남부, 프랑스
- 생활형 / 2년초
- 개화기 / 5~6월
- 용도 / 분화용, 절화용
- 햇빛 / 충분한 햇빛
- 온도 / 노지 월동, 16~30℃ 생육
- 관수 / 보통 관수
- 배양토 / 노지 화단 재배. 밭흙, 부엽, 모래는 4:4:2
- 번식 / 실생

1	2	3	4	5	6	7	8	9	10	11	12

▲ 종지나물

제비꽃과

- 원산지 / 미국
- 생활형 / 숙근성 다년초
- 개화기 / 4~5월
- 용도 / 화단용, 지피 식물용, 분화용
- 햇빛 / 충분한 햇빛
- 온도 / 노지 월동, 16~30℃ 생육
- 관수 / 충분한 관수, 적습지
- 배양토 / 비옥한 사양토. 밭흙, 부엽, 모래는 4:4:2
- 번식 / 실생, 분주

종지나물

학명 : *Viola sororia* Willd
     (*Viola papilionacea* Pursh.)
영명 : Wooly Blue Violet, Meadow Violet

  높이 15~20cm. 뿌리는 땅속줄기가 굵고 짧으며, 옆으로 자란다. 잎은 근생엽으로 총생, 잎자루 길이 7~9cm, 신장형 또는 심장상 난형으로, 끝은 뾰족하고 잎 가장자리에는 톱니가 있으며, 잎 기부는 종지 또는 고깔 모양으로 말려 있다. 꽃은 뿌리 부분의 잎 사이에서 꽃대가 자라 옆을 향해 핀다. 꽃잎은 5개, 도란형이다. 기부는 진보라색이며, 가장자리는 흰색이다. 번식력이 왕성하다.

1	2	3	4	5	6	7	8	9	10	11	12

▲ 줄맨드라미

줄맨드라미

학명 : *Amaranthus caudatus* L.
영명 : Love-Lies-Bleeding, Tassel Flower

비름과

- 원산지 / 열대 아프리카, 열대 아메리카, 인도
- 생활형 / 춘파 1년초
- 개화기 / 7~10월
- 용도 / 화단용, 화훼 장식용, 공중걸이용, 절화용
- 햇빛 / 충분한 햇빛
- 온도 / 16~30℃ 생육
- 관수 / 보통 관수
- 배양토 / 밭흙, 부엽, 모래는 5:3:2
- 번식 / 실생

　높이 1~1.5m. 줄기는 굵고 분지하며, 붉은색을 띤다. 줄기와 잎 뒷면에는 털이 있다. 잎은 호생, 잎자루가 있고, 타원형 드는 난상 타원형으로 길이 5~10cm, 너비 3~6cm이다. 꽃은 수상화서로 가늘고 길게 늘어지며, 작은 꽃이 밀생한다. 꽃 색깔은 진홍색이지만 흰색, 녹석으로 피는 것도 있다. 품종으로는 적엽종(赤葉種)과 녹엽종(綠葉種)이 있다.

1	2	3	4	5	6	7	8	9	10	11	12

▲ 지느러미엉겅퀴

국화과

- 원산지 / 한국, 유럽, 동부 아시아, 카프카스
- 생활형 / 숙근성 다년초
- 개화기 / 5~8월
- 용도 / 화단용, 화훼 장식용, 절화용, 식용, 약용
- 햇빛 / 충분한 햇빛
- 온도 / 노지 월동, 16~30℃ 생육
- 관수 / 보통 관수, 내건성
- 배양토 / 노지 화단, 비옥토, 밭흙, 부엽, 모래는 5:3:2
- 번식 / 실생

지느러미엉겅퀴

학명 : *Carduus crispus* L.
영명 : Welted Thistle

높이 0.7~1m. 줄기는 분지하며, 지느러미 같은 날개와 가시가 있다. 잎은 호생, 긴 타원상 피침형으로 새의 깃 모양으로 갈라지며, 잎 가장자리에 가시가 있고, 뒷면에 흰 털이 있으며, 길이 5~40cm이다. 꽃은 두상화서로 가지 끝에 피며, 꽃 색깔은 자홍색, 흰색이고, 지름은 2~2.5cm이다. 종 모양의 총포가 있으며, 총포편은 7~8줄로 배열된다. 열매는 수과이다.

1	2	3	4	5	6	7	8	9	10	11	12

▲ 지움 (*Geum coccineum*)

▲ 보리시 ('Borisii')

지움

학명 : *Geum coccineum* Sibth. et Sm.
영명 : Scarlet Avens, Scarlet Bennet

높이 30~50cm, 포기 너비 30cm 정도. 기부의 잎은 직립하고, 부드러운 털이 있다. 잎은 잎자루가 있고, 우상 복엽이며, 최대 길이 20cm 정도이다. 정생의 소엽은 신장형으로 양측의 잎은 약간 작으며, 길이 5~15cm이다. 경엽은 3갈래로 갈라지며, 거친 톱니가 있다. 꽃은 집산화서로 높게 자란 꽃대가 분지되어 2~4개가 피며, 주홍색이다. 꽃잎은 넓고, 황금색의 수술이 화심에 둥글게 난다.

장미과

- 원산지 / 유럽 남부, 소아시아
- 생활형 / 숙근성 다년초
- 개화기 / 6월
- 용도 / 화단용, 록 가든용
- 햇빛 / 충분한 햇빛
- 온도 / 노지 월동, 16~30℃ 생육
- 관수 / 보통 관수
- 배양토 / 노지 재배. 밭흙, 부엽, 모래는 5:3:2
- 번식 / 실생, 분주

1	2	3	4	5	6	7	8	9	10	11	12

▲ 차이브

백합과

- ●원산지 / 중국, 일본, 유럽, 시베리아, 북아메리카
- ●생활형 / 숙근성 구근 다년초
- ●개화기 / 5~7월
- ●용도 / 지피 식물용, 허브용, 식용, 약용
- ●햇빛 / 충분한 햇빛
- ●온도 / 노지 월동, 16~25℃ 생육
- ●관수 / 보통 관수, 내건성
- ●배양토 / 배수 요함, 비옥토
- ●번식 / 실생, 분구

차이브 (중국파)

학명 : *Allium schoencprasum* L.
영명 : Chive

　높이 30~30cm, 포기 너비 5cm 정도. 짧은 뿌리 줄기가 있다. 잎은 뿌리에서 여러 대가 곧게 자라며, 가장자리는 원통형으로 끝은 파처럼 뾰족하고, 녹색이며, 길이는 35cm 정도이다. 꽃은 산형화서로 피며, 꽃 색깔은 분홍색 또는 연자분홍색이고, 지름은 2.5cm 정도이다.

| 1 | 2 | 3 | 4 | 5 | 6 | 7 | 8 | 9 | 10 | 11 | 12 |

▲ 참나리

참나리

학명 : *Lilium lancifolium* Thunb.
  (*L. tigrinum* Ker-Gawl.)
영명 : Tiger Lily

　높이 1.5m 정도. 비늘줄기의 지름은 5~8cm로, 줄기는 곧게 자란다. 잎은 호생, 피침형으로 잎겨드랑이에 주아가 달리며, 길이 5~18cm, 너비 5~15mm이다. 꽃은 줄기 끝에 2~10개가 피며, 꽃 색깔은 주황색이고, 지름은 7~10cm이다. 꽃잎은 6개, 뒤로 젖혀지며, 안쪽에 검은 자갈색의 점무늬가 있다. 꽃이 피면 줄기는 기울어진다. 열매는 삭과로, 9월에 익는다.

| 1 | 2 | 3 | 4 | 5 | 6 | 7 | 8 | 9 | 10 | 11 | 12 |

백합과

- 원산지 / 한국, 일본, 중국, 내몽고, 시베리아, 타이완
- 생활형 / 숙근성 구근 다년초
- 개화기 / 7~8월
- 용도 / 화단용, 절화용
- 햇빛 / 충분한 햇빛
- 온도 / 노지 월동, 16~30℃ 생육
- 관수 / 보통 관수, 내건성
- 배양토 / 배수 양호, 비옥한 사양토
- 번식 / 주아 파종, 비늘줄기 분구

▲ 참당귀

산형과

- 원산지 / 한국
- 생활형 / 2년초 또는 숙근 성 다년초
- 개화기 / 8~9월
- 용도 / 화단용, 절화용, 약 용(뿌리), 식용(어린 순)
- 햇빛 / 충분한 햇빛
- 온도 / 노지 월동, 16~30℃ 성육
- 관수 / 충분한 관수
- 배양토 / 배수 양호한 비 옥한 사양토
- 번식 / 실생

참당귀

학명 : *Angelica gigas* Nakai

　높이 1~1.5m. 줄기는 곧게 자라며, 비대하고, 자 줏빛이 돌며 향기가 난다. 잎은 1~2회 3출 복엽이고, 소엽은 긴 타원형으로 끝이 뾰족하고 넓으며, 셋~다 섯 갈래로 다시 갈라지고, 톱니가 있다. 엽초는 넓고 통통하며 자주색이다. 꽃은 복산형화서로 줄기나 가 지 끝에서 자주색으로 핀다. 총포는 5~7개로 좁은 피침형이고, 꽃잎은 5개로 긴 타원형이며, 끝이 뾰 족하다.

| 1 | 2 | 3 | 4 | 5 | 6 | 7 | 8 | 9 | 10 | 11 | 12 |

▲ 채송화

채송화

학명 : *Portulaca grandiflora* Hook.
영명 : Rose Moss

　높이 15~25cm. 줄기와 잎은 가늘고 다육질이
다. 잎은 호생, 길이는 1~2cm로 털이 없고, 잎겨드
랑이에 긴 털이 있다. 꽃은 줄기나 가지 끝에서 여러
개가 연홍색 또는 진홍색으로 피며, 지름은 3cm 이
상이다. 꽃받침은 넓은 난형이고, 꽃잎은 5개로 넓
은 도란형이다. 원예 품종은 분홍색, 흰색, 오렌지
색, 노란색, 붉은색 등 다양하며, 겹꽃, 홑꽃 등이 있
다. 열매는 삭과로, 많은 종자가 들어 있다.

| 1 | 2 | 3 | 4 | 5 | 6 | 7 | 8 | 9 | 10 | 11 | 12 |

쇠비름과

- 원산지 / 브라질, 우루과이, 아르헨티나
- 생활형 / 춘파 1년초
- 개화기 / 7~10월
- 용도 / 화단용, 분화용
- 햇빛 / 충분한 햇빛
- 온도 / 종자 월동, 16~30℃ 생육
- 관수 / 내건성, 보통 관수
- 배양토 / 배수가 양호하고 비옥한 사양토
- 번식 / 실생, 삽목

▲ 천일홍 (*Gomphrena globosa*)

▲ 스트로베리 필드
('Strawberry Fields')

비름과

- 원산지 / 과테말라, 파나마
- 생활형 / 춘파 1년초
- 개화기 / 6~10월
- 용도 / 화단용, 절화용, 건조화용, 컨테이너용
- 햇빛 / 충분한 햇빛
- 온도 / 16~30℃ 생육
- 관수 / 보통 관수
- 배양토 / 배수 요함, 노지 화단
- 번식 / 실생

천일홍

학명 : *Gomphrena globosa* L.
영명 : Common Globe Amaranth

   높이 30~60cm. 줄기와 잎에는 털이 밀생한다. 잎은 대생, 난형 내지 긴 타원형으로 길이 3~10cm 이며, 어린 잎은 흰색의 털이 밀생하지만 뒤에 없어진다. 꽃은 두상화서로 난형 또는 원형, 긴 타원형으로 피며, 꽃 색깔은 분홍색과 흰색, 진자홍색, 진적색 등이 있으며, 화서의 길이는 2.5~3.5cm이다.

1	2	3	4	5	6	7	8	9	10	11	12

▲ 빅토리아 블루(*Salvia farinacea* 'Victoria Blue') 청샐비어

청샐비어

학명 : *Salvia farinacea* Benth.
영명 : Mealy Cup Sage, Blue Sage

높이 60~100cm. 줄기는 총생, 네모지고, 회백색 털이 밀생한다. 잎은 난상 피침형 또는 긴 타원형으로, 잎 가장자리에는 불규칙한 톱니가 조밀하게 있으며, 녹색, 털은 없다. 꽃은 윤산화서로 순형으로 피며, 푸른색이다. 윗입술은 작고, 아랫입술은 크다.

꿀풀과

- 원산지 / 미국 텍사스, 뉴멕시코
- 생활형 / 1년초, 원산지에서는 다년초
- 개화기 / 6~9월
- 용도 / 화단용, 컨테이너용
- 햇빛 / 충분한 햇빛
- 온도 / 16~32℃ 생육
- 관수 / 보통 관수
- 배양토 / 노지 화단용. 밭흙, 부엽, 모래는 5:3:2
- 번식 / 실생

1	2	3	4	5	6	7	8	9	10	11	12

▲ 체리 벨스(*Campanula punctata* 'Cherry Bells') 초롱꽃

초롱꽃과

- 원산지 / 한국, 동부 아시아
- 생활형 / 숙근성 다년초
- 개화기 / 6~8월
- 용도 / 화단용, 절화용, 분화용, 식용(어린 잎)
- 햇빛 / 충분한 햇빛
- 온도 / 노지 월동, 16~30℃ 생육
- 관수 / 보통 관수
- 배양토 / 배수 요함, 노지 재배. 밭흙, 부엽, 모래는 4:4:2
- 번식 / 실생

체리 벨스 초롱꽃

학명 : *Campanula punctata* Lam. 'Cherry Bells'

높이 40~70cm. 줄기는 곧게 자라며, 식물 전체에는 거친 털이 있고 분지한다. 잎은 호생, 난형으로, 기부는 둥글고 끝은 좁아져 뾰족하며, 길이는 5~8cm, 너비는 1.5~4cm이다. 잎 가장자리에는 톱니가 있으며, 꽃은 줄기나 가지 끝에서 2~3개가 종 모양으로 아래로 숙이고 붉은 보라색으로 피며, 길이는 4~5cm이다. 꽃통 끝은 다섯 갈래로 갈라지며, 갈라진 끝은 뾰족하다. 수술은 5개, 암술은 1개로 씨방은 하위이다. 암술머리는 세 갈래로 갈라지며, 열매는 삭과로 달린다.

1	2	3	4	5	6	7	8	9	10	11	12

▲ 초롱꽃

초롱꽃

학명 : *Campanula punctata* Lam.
영명 : Bellflower

    높이 25~80cm. 줄기는 각이 져 직립하고, 잎과 줄기에는 흰색 털이 있다. 근생엽은 잎자루가 길고 삼장상 난형이다. 경엽은 호생, 잎 가장자리에는 불규칙한 둔한 톱니가 있으며, 길이는 5~9cm, 너비는 1.5~5cm이다. 꽃은 가지 끝에서 2~3개가 피며, 종 모양의 긴 통형으로 끝이 다섯 갈래로 얕게 갈라진다. 꽃 색깔은 녹색을 띤 크림색으로, 안쪽에는 자홍색 바탕에 짙은 색의 점무늬가 있다.

| 1 | 2 | 3 | 4 | 5 | 6 | 7 | 8 | 9 | 10 | 11 | 12 |

초롱꽃과

- 원산지 / 한국, 일본, 동부 시베리아
- 생활형 / 숙근성 다년초
- 개화기 / 6~8월
- 용도 / 화단용, 분화용
- 햇빛 / 충분한 햇빛
- 온도 / 노지 월동, 16~30℃ 생육
- 관수 / 보통 관수
- 배양토 / 노지 재배. 밭흙, 부엽, 모래는 5 : 3 : 2
- 번식 / 실생

▲ 치커리

국화과

- 원산지 / 유럽, 지중해 연안, 아시아 서부, 북아프리카
- 생활형 / 1년～추파 2년초
- 개화기 / 6～8월
- 용도 / 화단용, 절화용, 식용, 허브 가든용, 채원용, 약용, 차용
- 햇빛 / 충분한 햇빛
- 온도 / 16～30℃ 생육
- 관수 / 보통 관수
- 배양토 / 배수 요함, 비옥한 사양토
- 번식 / 실생

치커리

학명 : *Cichorium intybus* L.
영명 : Chicory, Succory

　높이 90～200cm. 줄기는 곧게 자라며 분지한다. 줄기는 고온기가 되면 추대된다. 잎은 로제트상으로 자라며, 경엽은 호생한다. 잎의 모양은 재배 품종에 따라 도란형이거나 넓은 타원형이며, 새의 깃 모양으로 갈라지고, 끝은 좁아지면서 둔하다. 꽃은 호생, 마디마다 두상화로 피며, 푸른색이다. 쌉쌀한 맛이 나며, 어린 잎과 결구된 잎은 샐러드로 이용된다. 많은 품종이 있다.

1	2	3	4	5	6	7	8	9	10	11	12

▲ 카네이션

카네이션

학명 : *Dianthus caryophyllus* L.
영명 : Carnation

높이 40~60cm. 줄기는 곧게 자라며, 마디가 있고, 마디 부분은 통통하다. 줄기와 잎은 회록색이다. 잎은 대생, 선형으로 끝은 뾰족하다. 꽃은 줄기 끝이나 잎겨드랑이에서 1개 또는 2~3개씩 핀다. 꽃받침은 넓은 원통형으로 끝이 다섯~일곱 갈래로 갈라진다. 꽃잎은 반겹꽃이며, 끝 부분은 톱니 모양이다. 많은 원예 품종이 있다.

| 1 | 2 | 3 | 4 | 5 | 6 | 7 | 8 | 9 | 10 | 11 | 12 |

석죽과

- 원산지 / 유럽 서부, 아시아 서부
- 생활형 / 다년생 초본 식물
- 개화기 / 개화 조절에 의해 연중 개화
- 용도 / 절화용
- 햇빛 / 충분한 햇빛
- 온도 / 5~8℃ 월동, 10~21℃ 생육
- 관수 / 보통 관수
- 배양토 / 밭흙, 부엽, 모래는 4:2:2
- 번식 / 아삽, 분주

▲ 카스텔라로('Castellaro')   ▲ 코마치('Comachi')   ▲ 체리('Cherry')

▲ 카린보('Carinbo')   ▲ 나자('Naza')   ▲ 스펙트로('Spectro')

▲ 르프랑스('Le France')   ▲ 솔나나('Solnana')   ▲ 옐로 매직('Yellow Magic')

▲ 카우슬립

카우슬립

학명 : *Primula veris* L.
　　　(*Primula officinalis* Hill)
영명 : Cowslip, Keyflower, Palsywort, Paigle

　　높이 20~25cm. 잎은 뿌리에서 근생, 도란형으로, 잎 가장자리에는 톱니가 있고 가는 털이 있다. 꽃은 잎과 잎 사이에서 잎보다 높게 긴 꽃대가 자라 끝에서 여러 개가 피며, 꽃 색깔은 노란색이다. 꽃통은 가늘고 길며, 긴 꽃받침에 싸여 있고, 끝은 여러 갈래로 갈라져 있다. 꽃은 아래로 비스듬히 숙이고 피며, 향기가 난다.

- 원산지 / 지중해 연안, 서남 아시아
- 생활형 / 숙근성 다년초
- 개화기 / 4~5월
- 용도 / 분화용, 화단용, 록가든용, 허브용, 약용
- 햇빛 / 충분한 햇빛
- 온도 / 노지 월동, 10~23℃ 생육
- 관수 / 보통 관수
- 배양토 / 비옥한 사양토. 밭흙, 부엽, 모래는 4:4:2
- 번식 / 실생, 분주

1	2	3	4	5	6	7	8	9	10	11	12

▲ 레드 돌(‘Red Doll’) 　　　▲ 카틀레야 오카다(*Cattleya* ‘Okada’)

난초과

- 원산지 / 중앙 아메리카, 남아메리카
- 생활형 / 상록 다년초, 바위 또는 수피 착생종
- 개화기 / 11~4월
- 용도 / 분화용, 절화용
- 햇빛 / 반광
- 온도 / 10℃ 월동, 15~35℃ 생육
- 관수 / 보통 관수, 고온 다습
- 배양토 / 수태, 난석
- 번식 / 분주

카틀레야

학명 : *Cattleya* spp.
영명 : Cattleya

　열대에 30종이 자생한다. 줄기는 위구경을 가지고 있으며, 위구경 상부에서 1~2개의 잎이 난다. 잎은 두껍고 억세며 연녹색이다. 꽃대는 줄기 끝에서 곧게 자라며, 1~30개의 꽃이 핀다. 꽃의 길이와 너비는 1~16cm이고, 꽃잎은 6개로 3개는 좁고 길며, 양쪽의 2개는 넓고 크다. 순판은 넓고 파상이며, 끝부분이 여러 갈래로 갈라진다. 꽃 색깔은 화려하며, 많은 원예 품종이 있다.

| 1 | 2 | 3 | 4 | 5 | 6 | 7 | 8 | 9 | 10 | 11 | 12 |

▲ 칸나 인디카(*Canna* × *generalis* 'Indica')

칸나

학명 : *Canna* × *generalis* L. H. Bailey
영명 : Common Garden Canna, Canna

높이 0.7~1.5m. 줄기는 곧게 자라며, 뿌리줄기가 있다. 잎은 호생, 난상 피침형 또는 긴 타원형으로 끝은 뾰족하고, 기부는 줄기를 싸고 있다. 꽃은 총상화서 또는 원추화서로 줄기 끝에 피며, 지름 5~8cm이다. 원예 품종은 꽃 색깔이 다양하다. 열대 지방에서는 우묵한 습지에 식재한다.

홍초과

- 원산지 / 원예 품종
- 생활형 / 춘식 구근 다년초
- 개화기 / 7~10월
- 용도 / 화단용, 수재 화단용
- 햇빛 / 충분한 햇빛
- 온도 / 5~8℃ 월동, 16~35℃ 생육
- 관수 / 보통 관수
- 배양토 / 노지 화단. 밭흙, 부엽, 모래는 5:3:2
- 번식 / 뿌리줄기 분주

| 1 | 2 | 3 | 4 | 5 | 6 | 7 | 8 | 9 | 10 | 11 | 12 |

▲ 트로피컬 옐로 ('Tropical Yellow')

▲ 트로피컬 화이트 ('Tropical White')

▲ 클레오파트라 ('Cleopatra')

▲ 트로피컬 레드 ('Tropical Red')

▲ 트로피카나 ('Tropicana')

▲ 칼라

▲ 가닛 글로('Garnet Glow')

▲ 망고 옐로('Mango Yellow')

▲ 망고 핑크('Mango Pink')

▲ 플로렉스 골드('Florex Gold')

▲ 플레임('Flame')

칼라

학명 : *Zantedeschia aethiopica* (L.) Spreng.
영명 : Common Calla, Arum Lily

높이 70~90cm. 뿌리줄기가 있다. 잎은 긴 잎자루가 있으며, 광택이 나고, 잎 가장자리는 파상이고, 녹색이며, 길이는 40cm 정도이다. 꽃은 긴 꽃대가 자라며, 원통형으로 끝에 흰색의 불염포와 크림색을 띤 노란색의 육수화서가 달린다. 불염포는 길이 25cm 정도이며, 향기가 난다. 원예 품종으로는 왜성종과 불염포가 작거나 녹색인 것도 있다. 꽃 색깔은 흰색, 노란색, 분홍색, 붉은색 오렌지색 등이 있다.

1	2	3	4	5	6	7	8	9	10	11	12

천남성과

- 원산지 / 남아프라카 공화국의 희망봉
- 생활형 / 온실 다년초
- 개화기 / 5~7월
- 용도 / 화단용, 절화용
- 햇빛 / 밝은 반그늘
- 온도 / 5℃ 월동, 10~20℃ 생육
- 관수 / 보통 관수
- 배양토 / 노지 화단. 밭흙, 부엽, 모래는 5:3:2
- 번식 / 분구

▲ 칼란코에 블러스펠디아나

칼란코에 블러스펠디아나

학명 : *Kalanchoe blossfeldiana* Poelln.
영명 : Christmas Kalanchoe

돌나물과

- 원산지 / 마다가스카르
- 생활형 / 온실 다년초
- 개화기 / 2~5월
- 용도 / 분화용
- 햇빛 / 햇빛
- 온도 / 5℃ 월동, 12~23℃ 생육
- 관수 / 보통 관수
- 배양토 / 밭흙, 부엽, 모래 는 3:5:2
- 번식 / 삽목, 실생

   높이 40~50cm. 다육질이다. 잎은 대생, 잎자루가 있고, 넓은 타원형 내지는 도란상 난형으로 둥근 둔한 톱니가 있으며, 광택이 나는 진녹색이지만 강한 햇빛을 보면 붉은색으로 변한다. 꽃은 긴 꽃대가 자라 원추화서로 늘어져 피며, 꽃 색깔은 주홍색, 길이 1.6cm 정도로 통꽃이고, 끝은 네 갈래로 갈라진다. 원예 품종의 꽃 색깔은 흰색과 노란색, 주홍색, 분홍색이며, 겹꽃종이 있다.

1	2	3	4	5	6	7	8	9	10	11	12

▲ 칼란코에 에인젤 램프 (*Kalanchoe* 'Angel Lamp')

칼란코에 에인젤 램프

학명 : *Kalanchoe* 'Angel Lamp'
영명 : Kalanchoe Angel Lamp

높이 9~23cm. 줄기와 잎은 다육질이다. 잎은 대생, 타원형 내지는 도란상 난형으로 둔한 톱니가 있으며, 두껍고 회록색이다. 꽃은 산방화서와 비슷한 원추화서로 피며, 탁한 주홍색, 끝은 아이보리색이고, 길이 1.5cm로 통꽃이며, 네 갈래로 갈라진다.

- 원산지 / 원예 품종
- 생활형 / 온실 다년초
- 개화기 / 12~2월
- 용도 / 분화용
- 햇빛 / 햇빛
- 온도 / 7℃ 월동, 16~23℃ 생육
- 관수 / 보통 관수
- 배양토 / 밭흙, 부엽, 모래 는 3:3:4
- 번식 / 삽목

1	2	3	4	5	6	7	8	9	10	11	12

▲ 테라 코타('Terra Cotta')

▲ 셀레브레이션 실버 블루
(Celebration Silver Blue')

▲ 칼리브라코아(*Calibrachoa* cv.)

▲ 트레일링 스카이 블루('Trailing Sky Blue')

가지과

- ●원산지 / 브라질 원산종의 원예 교배종
- ●생활형 / 추파 1, 2년초(원예)
- ●개화기 / 5~10월 초
- ●용도 / 화단용, 공중걸이용, 컨테이너용, 창문 화단용
- ●햇빛 / 충분한 햇빛~밝은 반광
- ●온도 / −10℃ 월동, 16~30℃ 생육
- ●관수 / 충분한 관수
- ●배양토 / 배수용, 비옥토. 밭흙, 부엽, 모래는 4:4:2
- ●번식 / 분주

칼리브라코아

학명 : *Calibrachoa hybrida* Hort.
영명 : Million Bell

　높이 15~30cm, 포기 너비 25~30cm. 줄기는 가늘고, 길이 45~60cm이다. 잎은 호생, 선상 타원형으로 잎자루가 없고, 길이 1.3cm 내외, 너비 5mm 정도이다. 꽃은 가지 끝의 잎겨드랑이에서 꽃자루가 자라 나팔 모양으로 1개씩 피며, 꽃 색깔은 다양하고, 길기는 2.5~3cm, 많은 꽃이 포기를 뒤덮는다. 생장형은 콤팩트형과 트레일링형이 있다. 페튜니아의 근연종이다.

1	2	3	4	5	6	7	8	9	10	11	12

▲ 칼세올라리아

칼세올라리아

학명 : *Calceolaria herbeohybrida* Voss
　　　(*C. hybrida* Hort.)
영명 : Slipper Flower

　높이 20~40cm, 너비 15~30cm. 조밀하게 자란다. 잎은 대생, 난형으로 부드러운 털이 있으며, 길이 8~12cm이다. 꽃은 산방화서로 복주머니 모양으로 피며, 멀티플로라 계통은 지름 2~3cm, 그랜디플로라 계통은 4~6cm이다. 꽃 색깔은 흰색, 노란색, 붉은색, 오렌지색 등 다양하며, 점무늬가 있거나 이중으로 된 복색 꽃도 있다.

- ●원산지 / 원예 교배종
- ●생활형 / 1, 2년초
- ●개화기 / 2~4월
- ●용도 / 화단용, 분화용
- ●햇빛 / 충분한 햇빛
- ●온도 / 5~15℃ 생육
- ●관수 / 보통 관수
- ●배양토 / 밭흙, 부엽, 모래는 4:4:2
- ●번식 / 실생

1	2	3	4	5	6	7	8	9	10	11	12

▲ 캄파눌라 프라길리스

초롱꽃과

- 원산지 / 이탈리아 남부
- 생활형 / 온실 다년초
- 개화기 / 6~7월
- 용도 / 분화용, 공중걸이용
- 햇빛 / 충분한 햇빛
- 온도 / 5℃ 월동, 10~21℃ 생육
- 관수 / 보통 관수
- 배양토 / 밭흙, 부엽, 모래 는 4:4:2
- 번식 / 실생, 분주

캄파눌라 프라길리스

학명 : *Campanula fragilis* Cyrillo
영명 : Italian Bell Flower

높이 20~40cm. 줄기는 많은 가지를 분지한다. 줄기와 가지는 옆으로 퍼지거나 늘어지며, 부드러운 털이 밀생한다. 줄기 기부 쪽의 잎은 심장형으로 톱니가 있다. 잎은 긴 잎자루가 있으며, 윗부분의 잎은 난형으로 작다. 꽃은 잎겨드랑이 또는 줄기 끝에서 넓은 종형으로 많이 피고, 푸른색, 끝은 다섯 갈래로 갈라지며, 지름은 3~4cm이다.

1	2	3	4	5	6	7	8	9	10	11	12

▲ 캘리포니아 포피

캘리포니아 포피 (캘리포니아 양귀비)

학명 : *Eschscholzia californica* Cham.
영명 : California Poppy

높이 30~60cm. 직립하며 분지한다. 줄기와 잎은 분백녹색이 난다. 잎은 긴 잎자루가 있으며, 코스모스 잎 모양 3출 2회 우상 복엽으로, 선형 또는 긴 타원상으로 갈라진다. 꽃은 줄기나 가지 끝에서 지름 5~8cm 크기로 핀다. 꽃잎은 4개, 꽃 색깔에는 노란색, 미색, 연노란색, 등황색, 붉은색이 있다. 아침에 피었다가 저녁에 오므라든다. 열매는 삭과로, 많은 원예 품종이 있다.

양귀비과

- 원산지 / 캘리포니아
- 생활형 / 1년초
- 개화기 / 4~5월
- 용도 / 화단용, 분화용, 허브용, 조경용
- 햇빛 / 충분한 햇빛
- 온도 / 15~25℃ 생육
- 관수 / 보통 관수
- 배양토 / 밭흙, 부엽, 모래는 4:4:2
- 번식 / 실생

1	2	3	4	5	6	7	8	9	10	11	12

▲ 캥거루 포 (*Anigozanthos* cv.)

▲ 부시 하즈 ('Bush Haze')

▲ 부시 골드 ('Bush Gold')

▲ 부시 핑크 ('Bush Pink')

캥거루발톱과

- 원산지 / 오스트레일리아 원산종의 원예 교배종
- 생활형 / 온실 다년초
- 개화기 / 사계성
- 용도 / 화단용, 분화용, 절화용
- 햇빛 / 충분한 햇빛
- 온도 / 16~30℃ 생육
- 관수 / 보통 관수
- 배양토 / 밭흙, 부엽, 모래는 5:3:2
- 번식 / 실생, 분주

캥거루 포

학명 : *Anigozanthos hybrid* Hort. cv.
영명 : Cat's-paw, Kangaroo Paw

높이는 품종에 따라 30~180cm, 포기 너비 20~75cm. 잎은 검형으로 가죽질이며, 2~5개의 잎이 자란다. 꽃대는 잎 사이에서 길게 자라며, 털이 밀생하고, 꽃대 윗부분에서 총상화서로 캥거루 발톱 모양의 꽃이 핀다. 꽃은 긴 통형이고, 끝은 여섯 갈래로 갈라지며, 1개는 깊이 갈라진다. 수술은 6개, 암술은 실 고양이며, 암술머리는 두상이다. 씨방은 하위, 3실토, 열매는 삭과이다. 8종이 있으며, 꽃 색깔에는 주적색, 연녹색, 황록색 등이 있다.

1	2	3	4	5	6	7	8	9	10	11	12

▲ 얼리 선라이스('Early Sunrise')

▲ 플라잉 소서('Flying Saucers')

▲ 테킬라 선라이스('Tequila Sunrise')

코레오프시스 그란디플로라

학명 : *Coreopsis grandiflora* T. Hogg ex Sweet

높이 30~90cm. 줄기와 잎에는 약간의 털이 있다. 잎은 피침형 또는 주걱형이며, 줄기 윗부분의 잎은 셋~다섯 갈래로 깊게 갈라지고, 끝은 둔하다. 꽃은 두상화로 지름 4~6.3cm이고, 꽃잎은 설상화로 노란색이다. 길이 1~2.5cm로 끝 부분은 세 갈래로 얕게 갈라지며, 화심은 진황색이다. 열매는 수과(瘦果), 구형이다. 원예 품종으로는 홑꽃종과 겹꽃종이 있다.

| 1 | 2 | 3 | 4 | 5 | 6 | 7 | 8 | 9 | 10 | 11 | 12 |

국화과

- 원산지 / 미국의 중부와 동남부
- 생활형 / 숙근성 다년초
- 개화기 / 7~10월
- 용도 / 화단용, 도로 조경용, 지피용, 경사지 식재용
- 햇빛 / 충분한 햇빛
- 온도 / 노지 월동, 16~30℃ 생육
- 관수 / 보통 관수
- 배양토 / 비옥한 사양토
- 번식 / 실생, 분주

▲ 코스모스

국화과

- 원산지 / 멕시코
- 생활형 / 춘파 1년초
- 개화기 / 9~10월, 연중 개화(사계성)
- 용도 / 화단용, 컨테이너용, 절화용, 조경용
- 햇빛 / 충분한 햇빛
- 온도 / 종자로 월동, 16~30℃ 생육
- 관수 / 보통 관수, 내건성
- 배양토 / 노지 재배
- 번식 / 실생

코스모스

학명 : *Cosmos bipinnatus* Cav.
영명 : Common Cosmos

높이 2~3m. 곧게 자란다. 줄기는 분지하고, 잎은 대생, 새의 깃 모양으로 잘게 갈라진다. 꽃은 줄기 끝에 두상화로 피며, 설상화는 8개, 꽃잎 끝에는 톱니가 있다. 두상화의 지름은 6~10cm이며, 설상화는 흰색, 분홍색, 붉은색 등으로 핀다. 화심은 노란색이고 꽃밥은 황갈색이다. 품종에는 대륜종으로 사계성, 왜성종도 있다.

1	2	3	4	5	6	7	8	9	10	11	12

▲ 코스투스 스피랄리스

코스투스 스피랄리스

학명 : *Costus spiralis* Roscoe
　　　(*Costus pisonis* Lindl.)
영명 : Scarlet Spiral Flag

　높이 1.5~3m. 줄기는 다즙질로 구부러져 자라며, 뿌리줄기가 있다. 잎은 잎자루가 없고, 긴 도란상 타원형으로 선녹색이 난다. 잎의 길이는 25cm 정도 되며, 끝은 뾰족하고, 조밀하게 나선형으로 줄기에 붙어 자란다. 꽃은 수상화서로 줄기 끝에서 조밀하게 붉은색의 포엽이 원츠상으로 솔방울 모양으로 달리며, 포엽 사이에서 노란색 또는 붉은 오렌지색 꽃이 핀다. 순판은 길이가 4.5cm 정도 된다.

- ●원산지 / 콜롬비아, 기아나, 브라질
- ●생활형 / 온실 상록 다년초
- ●개화기 / 7~8월
- ●용도 / 온실 표본 식물용, 분화용, 절화용
- ●햇빛 / 반광
- ●온도 / 8℃ 월동, 16~35℃ 생육
- ●관수 / 보통 관수
- ●배양토 / 온실 노지 재배. 밭흙, 부엽, 모래는 4:4:2
- ●번식 / 실생, 삽목, 분주

| 1 | 2 | 3 | 4 | 5 | 6 | 7 | 8 | 9 | 10 | 11 | 12 |

▲ 콜치컴

백합과

- 원산지 / 원예 교배종
- 생활형 / 구근성 다년초
- 개화기 / 8~9월
- 용도 / 화단용, 분화용, 수경 재배용
- 햇빛 / 충분한 햇빛
- 온도 / 8℃ 이상 월동, 16~25℃ 생육
- 관수 / 보통 관수
- 배양토 / 노지 · 수경 재배
- 번식 / 분구

콜치컴

학명 : *Colchicum hybridum* Hort.
영명 : Autumn Crocus, Meadow Saffron

　높이 15~20cm. 구근은 구경으로 난상 원추형이며, 연붉은 갈색의 껍질이 있다. 구근의 지름은 5cm 정도 되며, 구근에서는 꽃대 8~15개가 15~20cm로 자라고, 끝에 1개의 꽃이 핀다. 꽃의 길이는 5~8cm, 꽃 색깔은 연분홍색이다. 실내 수경 재배 또는 접시 위에 구근을 놓아 개화시킨다.

1	2	3	4	5	6	7	8	9	10	11	12

▲ 쿠르쿠마 로스코에나

쿠르쿠마 로스코에나

학명 : *Curcuma roscoena* Wallich

높이 90cm, 포기 너비 45cm 정도. 뿌리줄기는 갈색이고, 가운데는 흰색이 난다. 잎은 잎자루가 있고, 타원형, 진녹색으로 광택이 난다. 잎의 길이는 15~30cm, 너비 7~14cm로, 잎맥은 현저한 우상맥이 있다. 꽃은 기부의 잎 사이에서 꽃대가 자라며, 선황색 꽃이 화포 사이에서 수상화서로 핀다. 화서의 길이는 20cm, 꽃의 길이는 1cm이다. 화포는 원주상이며 방사상으로 배열되고, 녹색을 띤 갈색 또는 연황갈색이 난다.

| 1 | 2 | 3 | 4 | 5 | 6 | 7 | 8 | 9 | 10 | 11 | 12 |

생강과

- 원산지 / 말레이시아
- 생활형 / 온실 상록 숙근초
- 개화기 / 7~8월
- 용도 / 관상용, 절화용, 분화용
- 햇빛 / 반광
- 온도 / 18℃ 월동
- 관수 / 충분한 관수, 약간 다습
- 배양토 / 배수 요함, 비옥한 사양토. 밭흙, 부엽, 모래는 4:4:2
- 번식 / 실생, 뿌리줄기 분주

▲ 쿠르쿠마 알리스마티폴리아

생강과

- ●원산지 / 열대 아시아, 타이
- ●생활형 / 숙근성 다년초
- ●개화기 / 7~9월
- ●용도 / 분화용, 화단용, 절화용
- ●햇빛 / 충분한 햇빛, 반광
- ●온도 / 5℃ 월동, 16~30℃ 생육
- ●관수 / 충분한 관수, 적습 유지
- ●배양토 / 밭흙, 부엽, 모래는 4:4:2
- ●번식 / 실생, 분주

쿠르쿠마 알리스마티폴리아

학명 : *Curcuma alismatifolia*
영명 : Siam Tulip

  높이 60~80cm. 줄기와 잎은 직립하며, 잎은 6개 정도가 작은 칸나 잎 모양의 긴 타원형으로, 끝이 뾰족하다. 잎의 길이는 25cm 정도, 녹색이다. 꽃은 꽃대가 잎보다 높게 자라 끝에서 수상화서로 핀다. 화서의 길이는 15cm 정도 되며, 포엽은 분홍색, 붉은색 또는 흰색이고, 포엽 속에서 작은 꽃이 핀다.

1	2	3	4	5	6	7	8	9	10	11	12

▲ 크로산드라

크로산드라

학명 : *Crossandra infundibuliformis* Nees.
영명 : Crossandra

　높이 30~100cm. 분지가 잘 된다. 오래 된 줄기
는 목질화하고, 잎의 길이는 7~15cm로, 피침형에
주름진 파상이다. 앞면은 진녹색이 나고, 뒷면은 연
황백녹색이 난다. 줄기 윗부분의 잎겨드랑이에서 길
이 10cm 정도 되는 꽃자루가 자라서 수상화서로 붉
은 오렌지색 꽃이 핀다. 화서의 길이는 5~10cm, 꽃
의 지름은 3cm 정도이며, 2~4개의 꽃이 핀다.

쥐꼬리망초과

- 원산지 / 인도 남부, 실론, 스리랑카
- 생활형 / 상록성 다년초
- 개화기 / 6~9월
- 용도 / 화단용, 분화용
- 햇빛 / 밝은 반그늘
- 온도 / 10℃ 이상에서 월동, 고온 다습, 16~25℃ 생육
- 관수 / 보통 관수(겨울), 충분한 관수(여름), 환기 요함
- 배양토 / 밭흙, 부엽, 모래는 4:4:2
- 번식 / 실생, 삽목

1	2	3	4	5	6	7	8	9	10	11	12

▲ 크로커스 베르누스 리멤브란스(*Crocus vernus* 'Remembrance')

붓꽃과

- 원산지 / 유럽
- 생활형 / 숙근성 구근 다년초
- 개화기 / 3~4월
- 용도 / 화단용
- 햇빛 / 충분한 햇빛
- 온도 / 노지 월동, 10~23℃ 생육
- 관수 / 보통 관수
- 배양토 / 배수 요함, 노지 재배, 비옥한 사양토
- 번식 / 분구

크로커스 베르누스

학명 : *Crocus vernus* (L.) J. Hill
영명 : Crocus

높이 9~13cm. 구경은 편구형으로, 외피는 섬유질로 덮여 있다. 잎은 2~4개가 좁은 선형으로 길이 10cm 정도 자란다. 꽃은 잎보다 먼저 이른 봄에 흰색과 보라색으로 핀다. 수술은 흰색, 털이 없으며, 꽃밥은 노란색이 난다. 암술은 1개로 짧고, 암술머리는 세 갈래로 갈라진다. 많은 원예 교배 품종이 있다.

| 1 | 2 | 3 | 4 | 5 | 6 | 7 | 8 | 9 | 10 | 11 | 12 |

▲ 크로코스미아

크로코스미아

학명 : *Crocosmia* × *crocosmiiflora* N. E. Br.
영명 : Montbretia

높이 60~100cm. 잎은 녹색, 검형으로 납작하며, 끝은 뾰족하다. 꽃대는 비스듬히 직립하며, 3~5개의 수상화서가 분지하여 자란다. 꽃은 12~20개가 피며, 꽃의 지름은 3~6cm이다. 꽃 색깔은 심홍색, 노란색, 오렌지색이며, 꽃통 부위는 구부러지고 끝은 여섯 갈래로 갈라진다. 갈라진 끝은 뾰족하며, 꽃이 활짝 핀다.

| 1 | 2 | 3 | 4 | 5 | 6 | 7 | 8 | 9 | 10 | 11 | 12 |

붓꽃과

- 원산지 / 원예 교배종
- 생활형 / 숙근성 구근 다년초
- 개화기 / 7~8월
- 용도 / 화단용, 절화용
- 햇빛 / 충분한 햇빛
- 온도 / 5℃ 월동, 16~30℃ 생육
- 관수 / 충분한 관수, 내건성
- 배양토 / 노지 재배. 밭흙, 부엽, 모래는 5:3:2
- 번식 / 실생, 분구

▲ 크리스마스 로즈

미나리아재비과

- 원산지 / 독일, 오스트리아, 스위스, 알프스 산맥
- 생활형 / 상록 다년초
- 개화기 / 12~3월
- 용도 / 화단용, 분식용, 절화용
- 햇빛 / 햇빛, 반광
- 온도 / −5℃ 월동, 16~30℃ 생육
- 관수 / 보통 관수
- 배양토 / 배수 요함, 비옥한 석회질 사양토. 밭흙, 부엽, 모래는 5:3:2
- 번식 / 실생, 분주

크리스마스 로즈

학명 : *Hellebourus niger* L.
영명 : Christmas Rose

높이 30cm, 포기 너비 45cm 정도. 뿌리에는 독성이 있다. 잎은 근출엽으로 새발 모양, 일곱~아홉 갈래로 갈라진다. 잎 색깔은 녹색, 가죽질로 새발 모양, 길이 5~20cm로 긴 타원형 내지는 도피침형으로, 잎 가장자리에는 불규칙한 톱니가 있다. 꽃은 꽃대가 15cm 정도 자라면 끝에서 취산화서로 2~3개의 흰색 꽃이 지름 4.5~8cm 크기로 핀다. 꽃잎은 5개, 지름은 3~8cm로 분홍색 꽃이 피기도 한다. 꽃받침은 5개로, 뒷면이 연자홍색을 띤다.

1	2	3	4	5	6	7	8	9	10	11	12

▲ 크리스마스 캑터스

크리스마스 캑터스 (게발선인장)

학명 : *Schlumbergera truncata* (Haw.) Moran
〔*Zygocactus truncatus* (Haw.) K. Schum.〕
영명 : Thanksgiving Cactus, Crab Cactus

높이 20~30cm. 마디는 납작하고 다육질이다. 육질의 경엽은 녹색이 나며, 길이 4.5cm, 너비 2.5cm 정도 자란다. 경엽 가장자리에는 2~4개의 육질로 된 톱니가 있다. 꽃은 육질의 줄기 끝 부분에서 1~2개가 붉은색 또는 주홍색, 분홍색 꽃이 핀다. 꽃 길이는 6.5~8.5cm이며, 많은 원예 품종이 있다. 저온 단일성 식물로, 15℃에서 20일 처리하면 화아 분화가 형성된다.

선인장과

- 원산지 / 브라질
- 생활형 / 다육 상록 다년초
- 개화기 / 9~12월
- 용도 / 분화용, 화훼 장식용, 공중걸이용, 크리스마스 장식용
- 햇빛 / 충분한 햇빛
- 온도 / 7~8℃ 월동, 15~25℃ 생육
- 관수 / 보통 관수, 내건성
- 배양토 / 마사토, 부엽은 8:2
- 번식 / 삽목, 접목

1	2	3	4	5	6	7	8	9	10	11	12

▲ 큰꽃고데치아

바늘꽃과

- ●원산지 / 미국의 캘리포니아
- ●생활형 / 추파·춘파 1년초
- ●개화기 / 추파 5~6월, 춘파 7~9월
- ●용도 / 화단용, 절화용
- ●햇빛 / 충분한 햇빛
- ●온도 / 노지 월동, 10~23℃ 생육
- ●관수 / 보통 관수
- ●배양토 / 배수 요함, 온실 노지, 비옥한 사양토
- ●번식 / 실생

큰꽃고데치아

학명 : *Godetia grandiflora* Lindl.
영명 : Satin Flower

높이 20~30cm, 외대로 자란다. 줄기는 연녹색, 잔털이 있다. 잎은 도란상 피침형, 조밀한 톱니가 있다. 꽃은 짧은 수상화서에 큰 꽃이 피며, 꽃의 지름은 10cm 정도 된다. 꽃잎의 길이는 3.5~5cm로 광택이 난다. 꽃 색깔은 연홍색, 자홍색에, 기부에는 큰 점무늬가 있다. 원예 품종으로는 흰색종과 진홍색, 선홍색 꽃이 있으며, 겹꽃종도 있다.

1	2	3	4	5	6	7	8	9	10	11	12

▲ 클레마티스 아스코티엔시스 (*Clematis* 'Ascotiensis')

클레마티스 아스코티엔시스

학명 : *Clematis* 'Ascotiensis'

덩굴줄기는 길이 3~4m 자란다. 생육이 왕성하며, 꽃은 늦게 핀다. 꽃은 소륜 내지는 대륜으로 밝은 보라색으로 핀다. 꽃의 지름은 9~12cm, 꽃받침은 꽃잎 모양으로 피는데, 타원형으로 끝이 뾰족하다. 꽃받침 가운데에는 세로로 주맥 비슷한 줄이 있고, 꽃밥은 연황색이 난다.

미나리아재비과

- 원산지 / 원예 교배종
- 생활형 / 덩굴성 다년생 식물
- 개화기 / 7~9월
- 용도 / 트렐리스용, 철책 울타리용, 창문 화단용
- 햇빛 / 충분한 햇빛, 반광
- 온도 / 5℃ 월동, 16~30℃ 생육
- 관수 / 충분한 관수
- 배양토 / 배수 요함, 노지 재배. 밭흙, 부엽, 모래는 4:4:2
- 번식 / 삽목, 취목

| 1 | 2 | 3 | 4 | 5 | 6 | 7 | 8 | 9 | 10 | 11 | 12 |

▲ 클레오메

풍접초과

- ●원산지 / 열대 아메리카
- ●생활형 / 숙근성 구근 다년초화
- ●개화기 / 6~9월
- ●용도 / 화단용
- ●햇빛 / 충분한 햇빛
- ●온도 / 종자 월동, 16~30℃ 생육
- ●관수 / 보통 관수
- ●배양토 / 배수 요함, 노지 화단, 비옥한 사양토
- ●번식 / 실생

클레으메

학명 : *Cleome spinosa* Jacq.
영명 : Giant Spider Flower, Spider Flower

　높이 80~100cm. 줄기는 곧게 자라며 잘 분지한다. 잎은 긴 잎자루가 있으며, 5~7개의 소엽이 장상복엽으로 호생한다. 잎의 길이는 12cm, 잎자루 기부에는 가시가 있다. 꽃 색깔은 흰색 또는 분홍색, 자분홍색 등이 있으며, 향기가 강하다. 수술은 4개로 길게 돌출되어 있다. 열매는 삭과로, 꼬투리 모양으로 결실한다.

| 1 | 2 | 3 | 4 | 5 | 6 | 7 | 8 | 9 | 10 | 11 | 12 |

▲ 키달맞이꽃

키달맞이꽃

학명 : *Oenothera fruticosa* L.
영명 : Sundrops

높이 1m 정도. 줄기는 곧게 자라며 분지한다. 뿌리는 흰색으로 직근을 가지고 있다. 줄기잎은 호생, 긴 타원상 피침형이며, 근생엽은 길이가 2.5~7.5cm이고 도피침형이다. 꽃은 저녁에 피어 아침에 지며, 원예종은 낮에도 계속해서 핀다. 꽃잎은 4개, 지름이 3~5cm이며, 길이는 1.3~2.5cm, 꽃받침은 4개로 2개씩 붙어 있다. 암술머리는 네 갈래로 갈라진다.

1	2	3	4	5	6	7	8	9	10	11	12

바늘꽃과

- 원산지 / 북아메리카 동부
- 생활형 / 다년초
- 개화기 / 6~8월
- 용도 / 화단용, 분식용
- 햇빛 / 충분한 햇빛
- 온도 / 노지 월동, 16~30℃ 생육
- 관수 / 보통 관수
- 배양토 / 배수 요함, 사양토, 밭흙, 부엽, 모래는 5:3:2
- 번식 / 실생, 삽목

▲ 털머위

국화과

- 원산지 / 한국 남부, 제주도, 일본, 타이완, 중국 남부
- 생활형 / 상록 다년초(난대)
- 개화기 / 9～10월
- 용도 / 정원용, 화단용, 식용, 조경용, 분화용, 약용
- 햇빛 / 반광
- 온도 / 1℃ 월동, 10～21℃ 생육
- 관수 / 보통 관수, 약간 다습
- 배양토 / 노지 재배, 배수 요함. 밭흙, 부엽, 모래는 3 : 5 : 2
- 번식 / 실생, 분주

털머위

학명 : *Farfugium japonicum* (L. f.) Kitamura
영명 : Leopard Plant

높이 30～50cm. 잎은 뿌리줄기에서 총생하며, 잎자루가 길게 자라 길이 4～15cm. 너비 7～25cm로, 넓은 신장형에 기부는 심장형이다. 잎은 두껍고 약간 광택이 나며, 잎 가장자리에 잔 톱니가 있거나 없다. 꽃은 꽃대가 30～50cm로 직립하며, 끝에서 산방상으로 분지하여 두상화로 핀다. 두상화의 지름은 4～6cm 도며, 노란색 꽃이 핀다. 열매는 수과로 관도가 있으며, 몇 개의 원예 변종과 품종이 있다.

1	2	3	4	5	6	7	8	9	10	11	12

▲ 토레니아

토레니아

학명 : *Torenia fournieri* Linden ex E. Fourn.
영명 : Wishbone Plant

●원산지 / 열대 아시아
●생활형 / 춘파 1년초
●개화기 / 6~10월
●용도 / 화단용, 분화용
●햇빛 / 충분한 햇빛
●온도 / 16~25℃ 생육
●관수 / 충분한 관수
●배양토 / 배수 요함, 사양토
●번식 / 실생

　높이 20~30cm, 포기 너비 15~23cm. 분지가 잘 된다. 잎은 대생, 잎자루가 있고, 긴 난형 내지는 좁은 난형으로, 끝은 뾰족하고 톱니가 있다. 잎의 길이는 4~5cm로 연녹색이 난다. 꽃은 청자색으로, 연보라색과 노란색 무늬가 들어 있다. 꽃의 길이는 3.5cm 정도 되며, 많은 원예 품종이 있다.

| 1 | 2 | 3 | 4 | 5 | 6 | 7 | 8 | 9 | 10 | 11 | 12 |

▲ 튤립(*Tulipa* cv.)

백합과

- ●원산지 / 원예 품종
- ●생활형 / 추식 구근초
- ●개화기 / 4~5월
- ●용도 / 분화용, 화단용, 절화용
- ●햇빛 / 충분한 햇빛
- ●온도 / 노지 월동, 10~25℃ 생육
- ●관수 / 충분한 관수
- ●배양토 / 노지 재배. 밭흙, 부엽, 모래는 5:3:2
- ●번식 / 분구

튤립

학명 : *Tulipa hybrida* Hort. cv.
영명 : Tulip

줄기는 15~75cm로 곧게 자란다. 잎은 긴 난형으로 끝은 뾰족하며, 기부는 줄기를 감싸고 있다. 줄기와 잎 색깔은 연녹색, 다육질이며, 3~4개가 호생으로 자란다. 꽃은 꽃대가 줄기 끝에 연장되어 자라며, 한 줄기에 한 꽃이 피나, 품종에 따라서는 한 줄기에 여러 꽃이 피는 경우도 있다. 많은 원예 품종이 있으며, 홑꽃과 겹꽃이 있고, 꽃 색깔은 분홍색, 흰색, 붉은색, 노란색, 검은 자주색, 검은 보라색 등 다양하다.

1	2	3	4	5	6	7	8	9	10	11	12

▲ 아펠둔('Apeldoorn')　　▲ 디자인('Design')　　▲ 바르셀로나('Barcelona')

▲ 빅 스마일('Big Smile')　　▲ 미스 홀란드('Miss Holland')　　▲ 핑크 임프레션
('Pink Impression')

▲ 해밀턴('Hamilton')　　▲ 유로마스터('Euromaster')

▲ 트라켈리움 카에룰레움

▲ 트라켈리움 카에룰레움 그린
(*Trachelium caeruleum* 'Green')

초롱꽃과

- 원산지 / 지중해 연안, 남부 유럽, 북아프리카
- 생활형 / 추파 1, 2년초, 다년초(원산지)
- 개화기 / 6~9월
- 용도 / 화단용, 정원용, 분식용, 절화용
- 햇빛 / 충분한 햇빛
- 온도 / 5℃ 월동, 16~30℃ 생육
- 관수 / 보통 관수
- 배양토 / 배수 요함, 사양토
- 번식 / 실생

트라켈리움 카에룰레움

학명 : *Trachelium caeruleum* L.
영명 : Throatwort

줄기는 50~100cm로 가늘고 곧게 자란다. 잎은 난형으로 끝은 뾰족하다. 길이 8~10cm로, 잎 가장자리에는 줄톱니가 있다. 식물 전체에는 털이 없으며, 꽃은 줄기 끝에서 긴 꽃대가 자라 산방화서로 통형의 작은 꽃이 돔형으로 조밀하게 핀다. 소화(小花)의 지름은 2mm이며, 보라색이지만 연자분홍색, 분홍색, 녹백색, 흰색 꽃이 핀다.

1	2	3	4	5	6	7	8	9	10	11	12

▲ 트레일링 가자니아

트레일링 가자니아

학명 : *Gazania leucolaena* DC.
영명 : Trailing Gazania, Treasure Flower

높이 15~20cm, 포기 너비 45cm 정도. 줄기는 횡장성, 기부가 목질화한다. 잎은 선상 피침형 또는 긴 도란형으로 녹색이 나며, 회백색의 털이 밀생하고, 잎 뒷면은 흰색이 난다. 꽃은 꽃대가 잎보다 길게 자라 두상화가 한 줄기에 한 꽃이 피고, 지름은 6~7cm이며, 설상화는 노란색, 화심은 노란색이 난다. 원예 품종으로는 많은 변이가 일어나 흰색 또는 노란색 등 무늬가 여러 가지 형태로 들어 있다.

- 원산지 / 남아프리카의 케이프타운, 나탈
- 생활형 / 1년초(한국), 상록 다년초(LA 화단용)
- 개화기 / 연중 개화
- 용도 / 화단용, 분화용
- 햇빛 / 충분한 햇빛
- 온도 / 5℃ 월동, 16~30℃ 생육
- 관수 / 보통 관수, 건조 기후 요함
- 배양토 / 배수 요함, 노지 재배. 밭흙, 부엽, 모래는 4:4:2
- 번식 / 실생, 분주

1	2	3	4	5	6	7	8	9	10	11	12

▲ 파리지옥

끈끈이귀이개과

- 원산지 / 북아메리카의 플로리다, 캐롤라이나 주 지방의 습지
- 생활형 / 상록 숙근성 다년초
- 개화기 / 6~7월
- 용도 / 분식용, 화훼 장식용, 벌레잡이 식물 교육용
- 햇빛 / 충분한 햇빛
- 온도 / 3~5℃ 월동, 24~30℃ 생육
- 관수 / 충분한 관수로 항상 습기가 있게 함
- 배양토 / 수태 하나만 사용, 피트모스
- 번식 / 실생, 엽삽, 분주

파리지옥

학명 : *Dionaea muscipula* (L.) Ellis
영명 : Venus Flytrap, Flycatcher

　높이 15~20cm, 포기 너비 15cm 정도. 잎은 로제트상으로 자라며, 홍합과 같이 잎을 벌리고 있다가 잎 안쪽 양쪽에 있는 각각 3개의 촉감모에 의해 벌레가 닿으면 잎을 오므려 소화액을 내어 벌레의 양분을 흡수한다. 잎 색깔은 황록색 내지는 붉은색이며, 잎 가장자리에는 15~20개의 날카로운 가시 모양의 털이 있다. 잎자루는 길고, 양 가장자리에는 넓은 날개가 있으며, 연녹색이 난다. 잎의 길이는 8~15cm이며, 꽃은 3~10개의 흰색 꽃이 산형화서로 핀다. 지름은 1~2cm가 된다.

1	2	3	4	5	6	7	8	9	10	11	12

▲ 파피오페딜룸 다이아눔(*Paphiopedilum dayanum*)

파피오페딜룸 다이아눔

학명 : *Paphiopedilum dayanum* (Rchb. f.) Stein

높이 20~25cm. 잎은 긴 타원형, 길이는 15~20cm, 암녹색과 황록색의 무늬가 들어 있다. 꽃대는 기부의 잎과 잎 사이에서 20~25cm 정도 곧게 자라며, 끝에서 1개씩 꽃이 핀다. 꽃은 지름이 12~15cm이며, 상부의 꽃받침은 난형으로 끝이 뾰족하고, 흰색 바탕에 녹색의 세로줄 무늬가 18~21개가 있다. 양측의 꽃잎은 넓은 선형으로 끝이 뾰족하며, 약간 아래쪽으로 처진다. 기부는 자갈색이 나며, 끝부분은 분홍빛을 띤 자색이다. 가장자리는 흰색의 짧은 털이 밀생한다. 순판은 연붉은 갈색이 나며, 맥은 진한 자갈색이 난다.

- 원산지 / 열대 아시아
- 생활형 / 상록 다년생 착생종
- 개화기 / 5~6월
- 용도 / 분화용, 화훼 장식용
- 햇빛 / 충분한 햇빛
- 온도 / 10℃ 월동, 16~25℃ 생육
- 관수 / 보통 관수, 다습, 환기
- 배양토 / 수태 단용
- 번식 / 실생, 조직 배양

| 1 | 2 | 3 | 4 | 5 | 6 | 7 | 8 | 9 | 10 | 11 | 12 |

▲ 파피오페딜룸 마우디아에
('Maudiae')

▲ 파피오페딜룸 라타미아눔

▲ 파피오페딜룸 이원 No. 9
('Lee Won No. 9')

▲ 파피오페딜룸 더 퀸('The Queen')

▲ 파피오페딜룸 수카쿨리

▲ 파피오페딜룸 노리토 하세가와
('Norito Hasegawa')

▲ 파피오페딜룸 미라즈 워터
('Mirage Water')

▲ 파피오페딜룸 윌리엄 앰블('William Amble')

▲ 팜파스 그래스

팜파스 그래스

학명 : *Cortaderia selloana* Aschrs. et Graebn.
영명 : Pampas Grass

   높이 2.5~3m, 포기 너비 1~1.5m로 군생한다. 잎의 길이는 1~3m로 아치형이며, 백분이 덮여 있는 녹색이 나고, 잎 가장자리는 억센 톱니가 있다. 꽃은 원추화서로 은백색의 소수가 깃털 모양으로 핀다. 화서는 길이 40~90cm로 곧게 직립하며, 초기에 잘라 절화용으로 사용하거나 염색을 하여 화훼 장식용으로 사용한다.

- 원산지 / 브라질 남부, 아르헨티나
- 생활형 / 숙근성 다년초
- 개화기 / 9~10월
- 용도 / 정원용, 절화용
- 햇빛 / 충분한 햇빛
- 온도 / 10℃ 월동, 16~30℃ 생육
- 관수 / 보통 관수
- 배양토 / 밭흙, 부엽, 모래는 5:3:2
- 번식 / 분주

1	2	3	4	5	6	7	8	9	10	11	12

▲ 팬지(여러 종의 원예 품종)

제비꽃과

- 원산지 / 북유럽 원산종의 원예 품종
- 생활형 / 추파 1, 2년초
- 개화기 / 12~5월
- 용도 / 화단용, 컨테이너용
- 햇빛 / 충분한 햇빛
- 온도 / 0℃ 월동, 10~20℃ 생육
- 관수 / 보통 관수
- 배양토 / 밭흙, 부엽, 모래는 4:4:2
- 번식 / 실생

팬지

학명 : *Viola tricolor* L. var. *hortensis* DC.
(*V. wittrockiana* Gams.)
영명 : Pansy

　높이 15~30cm, 줄기는 직립하거나 옆으로 뻗는다. 외대 또는 분지하며, 잎은 긴 난상으로 끝은 둔하게 뾰족하고, 가장자리에는 둔한 톱니가 있다. 꽃대는 잎겨드랑이에서 길게 자라 꽃이 핀다. 꽃잎은 5개, 꽃 색깔에는 흰색, 노란색, 적자색, 청자색 등이 있으며, 대부분 두 가지 색으로 핀다. 많은 원예 품종이 있으며, 대륜종과 소륜종이 있다. 호냉성 식물이므로 더위에 약하다.

| 1 | 2 | 3 | 4 | 5 | 6 | 7 | 8 | 9 | 10 | 11 | 12 |

▲ 페루실라

페루실라

학명 : *Scilla peruviana* L.
영명 : Peruvian Scilla

높이 25~30cm. 구근은 서양배 모양, 지름이 5cm 정도 되며, 유피 비늘줄기이다. 잎은 넓은 선형으로 길이 15~30cm, 너비 1.6~2cm이며, 꽃대보다 길게 많은 잎이 자란다. 잎 색깔은 암녹색으로, 잎 가장자리에는 흰색의 가는 털가시가 있다. 꽃대는 구근에서 길이 20~25cm 높이로 자라며, 끝에서 총상화서로 별 모양의 꽃이 50개 이상 핀다. 꽃 색깔은 푸른 보라색 또는 붉은색, 흰색이다.

1	2	3	4	5	6	7	8	9	10	11	12

백합과

- 원산지 / 포르투갈, 알제리, 튀니지
- 생활형 / 구근성 다년초
- 개화기 / 5~6월
- 용도 / 화단용, 분화용
- 햇빛 / 충분한 햇빛
- 온도 / 3~5℃ 월동, 16~30℃ 생육
- 관수 / 보통 관수, 통풍 요함
- 배양토 / 배수 요함, 사양토, 밭흙, 부엽, 모래는 4:4:2
- 번식 / 분구

▲ 페인티드 세이지

꿀풀과

- 원산지 / 유럽 남부의 지중해 연안, 서부 아시아
- 생활형 / 춘파 1년초
- 개화기 / 6~9월
- 용도 / 화단용, 절화용, 약용, 허브용, 건화용
- 햇빛 / 충분한 햇빛
- 온도 / 16~30℃ 생육
- 관수 / 보통 관수
- 배양토 / 배수 요함, 비옥토, 밭흙, 부엽, 모래는 4:4:2
- 번식 / 실생

페인티드 세이지

학명 : *Salvia viridis* L.
영명 : Painted Sage, Annual Clary

높이 30~60cm로, 속성으로 자란다. 줄기는 직립, 외대로 자란다. 잎은 대생, 난형 드는 타원형이고, 잎 가장자리에는 잔 톱니가 있다. 잎의 길이는 5cm이며, 잎은 줄기 위로 갈수록 작아진다. 꽃은 수상화서로 윤생하며, 분홍색 내지는 브라색으로, 길이는 8~15mm이다. 줄기 윗부분에는 포엽이 꽃과 같이 보라색이나 분홍색, 흰색이 나며, 망맥이 있다.

1	2	3	4	5	6	7	8	9	10	11	12

▲ 드림스 레드('Dreams Red')

▲ 드림스 미드나이트
('Dreams Midnight')

▲ 드림스 버건디('Dreams Burgundy')

페튜니아

학명 : *Petunia hybrida* Vilm.
영명 : Common Garden Petunia

가지과

- 원산지 / 원예 교배종
- 생활형 / 춘파 1년초
- 개화기 / 5~10월
- 용도 / 정원용, 화단용, 컨 테이너 식재용
- 햇빛 / 충분한 햇빛
- 온도 / 16~30℃ 생육
- 관수 / 보통 관수
- 배양토 / 밭흙, 부엽, 모래 는 5:3:2
- 번식 / 실생

  줄기 높이 15~30cm. 경엽에는 끈끈한 잔털이 밀생한다. 잎은 대생, 난형으로 끝은 둔하게 뾰족하다. 꽃은 가지 끝에서 나팔 모양으로 피며, 지름 5~13cm로 끝은 얕게 갈라진다. 열매는 삭과로 난형이다. 꽃색깔은 흰색, 붉은 주홍색, 보라색, 분홍색 등이며, 많은 원예 품종이 있다. 현재 *hybrida*종은 아르헨티나의 원산종인 *P. axillaris*종과 *P. violaceae*종과의 교배종을 통틀어 말한다.

1	2	3	4	5	6	7	8	9	10	11	12

▲ 도너 피코티 버건디
(‘Donna Picotee Burgundy’)

▲ 도너 스타 레드 (‘Donna Star Red’)

▲ 드림스 네온 로즈 (‘Dreams Neon Rose’)

▲ 드림스 화이트 (‘Dreams White’)

▲ 로즈 매드니스 (‘Rose Madness’)

▲ 슈가 대디 (‘Sugar Daddy’)

▲ 화이트 매드니스 (‘White Madness’)

▲ 펜스테몬 오스프레이('Osprey')

▲ 카민('Carmine')

▲ 센세이션('Sensation')

펜스테몬

학명 : *Penstemon hybridum* Hort. cv.
영명 : Penstemon

높이 30~70cm. 약 250종이 자생하며, 그 중 30여 종이 원예종으로 재배되거나 교배 양친으로 사용된다. 줄기는 곧게 자라고, 잎은 대생 또는 윤생하며, 긴 선상 피침형이다. 꽃은 잎겨드랑이에서 1개씩 피며, 통꽃으로 끝이 2순형이고, 위 두 갈래로 갈라진 꽃잎은 작고, 아래 세 갈래로 갈라진 꽃잎은 크다. 꽃받침은 다섯 갈래로 갈라지며, 수술은 5개, 그 중 4개는 임성, 나머지 1개는 헛수술〔假雄蘂〕이다. 열매는 삭과이다. 많은 원예 품종이 있다.

| 1 | 2 | 3 | 4 | 5 | 6 | 7 | 8 | 9 | 10 | 11 | 12 |

현삼과

- 원산지 / 북아메리카 원산 종의 원예 교배종
- 생활형 / 숙근성 다년초
- 개화기 / 6~8월
- 용도 / 화단용, 절화용
- 햇빛 / 충분한 햇빛
- 온도 / 3℃ 월동, 13~25℃ 생육
- 관수 / 보통 관수, 고온 다습에 약함
- 배양토 / 노지 재배, 배수 요함. 밭흙, 부엽, 모래는 5:3:2
- 번식 / 실생, 분주, 삽목

▲ 핑크 레이스('Pink Lace')

▲ 레드 레이스('Red Lace')

▲ 스칼라 화이트('Starla White')

꼭두서니과

- ●원산지 / 동부 열대 아프리카, 아라비아 반도
- ●생활형 / 온실 상록 다년초, 노지 1년초
- ●개화기 / 5~9월
- ●용도 / 분화용, 절화용
- ●햇빛 / 충분한 햇빛
- ●온도 / 5~6℃ 월동, 16~30℃ 생육
- ●관수 / 보통 관수, 과습에 약함
- ●배양토 / 밭흙, 부엽, 모래는 4:4:2
- ●번식 / 실생, 삽목

펜타스 란세올라타

학명 : *Pentas lanceolata* (Forssk.) Deflers
(*Pentas carnea* Benth.)
영명 : Star Cluster, Egyptian Star Cluster

높이 30~130cm, 포기 너비 30cm 정도. 기부는 목질화하며, 식물 전체에는 잔털이 밀생한다. 잎에는 짧은 잎자루가 있고, 피침형, 타원형, 난형으로 끝은 둔하다. 길이 10cm, 너비 6cm 정도이다. 꽃은 줄기 끝에 두상으로 피며, 지름 1~2cm, 꽃통의 길이는 1.5~2cm이다. 꽃받침은 길이 1.5~2cm 되며, 갈라진 잎은 길이가 같지 않다. 꽃 색깔은 붉은색, 분홍색, 흰색으로, 테무늬가 있는 것도 있다.

1	2	3	4	5	6	7	8	9	10	11	12

▲ 펠라고늄

펠라고늄

학명 : *Pelargonium* × *hortorum* L. Bailey
영명 : Ivy Geranium , Hanging Geranium

높이 20~60cm. 줄기는 다육질이지만 오래 되면 목질화한다. 잎은 호생, 둥근형이며, 긴 잎자루가 있고, 부드러운 털이 밀생한다. 잎의 길이는 7~12cm이며, 잎 가장자리에는 둔한 톱니나 잔 톱니가 있다. 꽃은 줄기나 가지 끝에서 긴 꽃대가 자라 산형화서로 핀다. 줄기나 잎에서는 특유한 냄새가 나며, 많은 원예 교배종이 있다. 꽃 색깔은 다양하며, 홑꽃종, 겹꽃종이 있다.

쥐손이풀과

- 원산지 / 원예 교배종
- 생활형 / 온실 상록 다년초
- 개화기 / 6~9월
- 용도 / 화단용, 분화용, 창문 화단용
- 햇빛 / 충분한 햇빛
- 온도 / 5~10℃ 월동, 18~24℃ 생육
- 관수 / 보통 관수
- 배양토 / 밭흙, 부엽, 모래는 2:4:4
- 번식 / 삽목

1	2	3	4	5	6	7	8	9	10	11	12

▲ 포웰 문주란

수선화과

- 원산지 / 원예 교배종
- 생활형 / 숙근성 다년초
- 개화기 / 6~7월
- 용도 / 화단용, 분화용, 표본 온실용
- 햇빛 / 반광, 햇빛
- 온도 / 5℃ 월동, 16~30℃ 생육
- 관수 / 보통 관수
- 배양토 / 밭흙, 부엽, 모래는 4:4:2
- 번식 / 분주

포웰 문주란

학명 : *Crinum × powellii* Hort. ex Bak.
영명 : Powell's Swamp Lily, Powell Crinum

높이 150cm 정도. 위경(僞莖)과 비늘줄기를 가지고 있다. 비늘줄기는 구형으로 지름은 10cm 정도 된다. 잎의 길이는 1m, 너비는 7~10cm이다. 꽃은 꽃대가 60cm 정도로 굵게 자라면 끝에서 산형화서로 6~10개의 꽃이 핀다. 꽃의 지름은 7~10cm로, 옆을 향하거나 밑을 향하여 핀다. 꽃은 통꽃으로 연분홍색이 나며, 길이는 7cm로 나팔형이고, 끝이 여섯 갈래로 갈라진다. *Crinum bulbispermum* ×C. *moorei*의 종간 잡종이다.

| 1 | 2 | 3 | 4 | 5 | 6 | 7 | 8 | 9 | 10 | 11 | 12 |

▲ 포인세티아

포인세티아

학명 : *Euphorbia pulcherrima* Willd. ex Klotzsch
영명 : Poinsettia, Christmas Flower

높이 3~6m. 줄기는 곧게 자라고, 분지하며, 줄기나 잎을 자르면 유액이 나온다. 잎은 호생, 잎자루가 있다. 잎자루의 길이는 3~4cm, 잎의 길이는 10~15cm로 난형 내지는 타원형이며, 끝은 뾰족하다. 가지 끝의 잎은 윤생한 것처럼 포엽이 붉은색으로 착색되어 달린다. 잎 가장자리에는 결각이 지지만 대부분의 원예 품종에서는 결각이 없다. 꽃은 10~25개가 노란색으로 핀다.

대극과

● 원산지 / 멕시코 남부
● 생활형 / 관목의 관화 식물
● 개화기 / 단일성, 12~2월
● 용도 / 분화용, 철책 울타리용
● 햇빛 / 충분한 햇빛
● 온도 / 15~18℃ 월동, 16~30℃ 생육
● 관수 / 보통 관수
● 배양토 / 밭흙, 부엽, 모래는 3:5:2
● 번식 / 삽목

1	2	3	4	5	6	7	8	9	10	11	12

▲ 풀모나리아 앙구스티폴리아

지치과

- ●원산지 / 유럽 중부·북동부·동부
- ●생활형 / 숙근성 다년초
- ●개화기 / 4~5월
- ●용도 / 화단용
- ●햇빛 / 반광, 그늘
- ●온도 / 노지 월동, 13~30℃ 생육
- ●관수 / 충분한 관수
- ●배양토 / 배수 요함, 비옥토, 밭흙, 부엽, 모래는 5:3:2
- ●번식 / 분주, 근삽

풀모나리아 앙구스티폴리아

학명 : *Fulmonaric angustifolia* L. (*P. azurea* Bess.)
영명 : Lungwort

　높이 25~30cm, 포기 너비 45cm 정도. 뿌리줄기가 있고, 줄기와 잎에는 빳빳한 털이 있으며, 붉은 갈색이 돈다. 기부의 잎은 좁은 타원형으로 점무늬가 없으며, 빳빳한 털이 있고, 꽃받침에도 잔털이 있다. 꽃은 줄기 끝에서 여러 개의 꽃이 집산화서로 핀다. 꽃봉오리 때는 분홍색이 나지만 꽃이 피면 청보라색이 난다. 꽃은 작으며, 흰색 꽃도 있다.

1	2	3	4	5	6	7	8	9	10	11	12

▲ 풍란

풍란

학명 : *Neofinetia falcata* Hu
(*Angraecum falcatum* Lindl.)

길이 5~10cm, 너비 6~8mm로 선상 아치형이다. 줄기는 짧고, 좌우에 잎이 조밀하게 자란다. 기부에는 회백색의 기근(氣根)이 발생한다. 잎은 호생한다. 꽃대는 아래쪽 잎겨드랑이에서 길이 3~10cm 되는 꽃자루에 3~5개의 흰 꽃이 피는데, 향기가 강하다. 꽃받침과 꽃잎은 길이가 같다. 순형의 꽃잎은 길이 7~8mm, 지름 1cm이며, 뒤로 젖혀져 끝은 세 갈래로 갈라진다. 거는 가늘며, 4cm 길이로 아래로 구부러진다.

| 1 | 2 | 3 | 4 | 5 | 6 | 7 | 8 | 9 | 10 | 11 | 12 |

난초과

- 원산지 / 한국 남해안, 일본, 중국
- 생활형 / 착생 상록 다년초
- 개화기 / 6~8월
- 용도 / 석부작용, 목부작용, 착생용, 분식 관상용
- 햇빛 / 반그늘, 햇빛(겨울)
- 온도 / 5℃ 월동, 10~21℃ 생육
- 관수 / 보통 관수, 공중다습, 통풍
- 배양토 / 수피, 헤고, 수태, 경석
- 번식 / 분주, 실생, 조직배양

▲ 풍선초

무환자나무과

- 원산지 / 미국 남부 텍사스 주, 플로리다 주
- 생활형 / 덩굴성 춘파 1년초
- 개화기 / 7~9월
- 용도 / 트렐리스용, 화단용, 철책 울타리용, 분식용
- 햇빛 / 충분한 햇빛
- 온도 / 종자 월동, 16~30℃ 생육
- 관수 / 보통 관수, 과습 약함
- 배양토 / 배수 요함, 사양토
- 번식 / 실생

풍선초

학명 : *Cardiospermum halicacabum* L.
영명 : Balloon Vine

   덩굴줄기 높이 2~3m. 줄기는 가늘고 잎자루가 있으며 3출엽이다. 잎의 길이 5~10cm, 소엽은 다시 세 갈래로 깊이 갈라지며, 톱니가 있고, 끝은 뾰족하다. 관실 식물로 잎은 연녹색이며. 줄기에는 덩굴손이 있다. 꽃은 잎겨드랑이에서 긴 꽃자루가 자라 지름이 3~5mm 되는 연녹백색 꽃이 핀다. 열매는 삭과로, 풍선 같은 둥근 열매가 달린다.

1	2	3	4	5	6	7	8	9	10	11	12

▲ 꽃 색깔이 서로 다른 프렌치 매리골드

▲ 보난자 디프 오렌지('Bonanza Deep Orange')

▲ 보난자 믹스('Bonanza Mix')

프렌치 매리골드 (공작초)

학명 : *Tagetes patula* L.
영명 : French Marigold

높이 20~45cm. 줄기는 분지한다. 잎은 대생 또
는 호생, 잎자루가 있다. 잎은 새의 깃 모양으로 갈
라져 있고, 녹색, 길이 5~12cm로 갈라진 소엽에는
톱니가 있다. 꽃은 가지 끝에서 꽃대가 자라 두상화
로 1개씩 핀다. 꽃 색깔은 다양하며, 특유의 강한 냄
새가 난다. 많은 원예 품종이 있다.

국화과

- 원산지 / 멕시코, 과테말라
- 생활형 / 춘파 1년초
- 개화기 / 6~10월
- 용도 / 분화용, 화단용
- 햇빛 / 충분한 햇빛
- 온도 / 종자 월동, 16~30℃ 생육
- 관수 / 보통 관수
- 배양토 / 밭흙, 부엽, 모래 는 5:3:2
- 번식 / 실생

1	2	3	4	5	6	7	8	9	10	11	12

▲ 보라색 꽃　　　　　▲ 프리뮬러 던티쿨라타

앵초과

- ●원산지 / 아프가니스탄, 티베트 남동부, 미얀마, 중국, 히말라야 산록
- ●생활형 / 숙근성 다년초
- ●개화기 / 4~5월
- ●용도 / 분화용, 정원용
- ●햇빛 / 충분한 햇빛
- ●온도 / 노지 월동, 16~30℃ 생육
- ●관수 / 충분한 관수
- ●배양토 / 노지 재배. 밭흙, 부엽, 모래는 5:3:2
- ●번식 / 실생

프리뮬러 덴티쿨라타

학명 : *Pr mula den iculata* Sm.
영명 : Drumstick Primula

　높이와 포기 너비는 각각 30cm 정드. 잎은 로제트상으로. 긴 도란형으로 자란다. 잎자루는 짧거나 없으며, 선녹색이 나고, 길이는 개화기까지 8~15cm 자라나, 개화 후에는 15~30cm 자라며, 톱니가 있다. 꽃은 잎의 기부 가운데에서 꽃대가 자라 끝에서 공 모양으로 조밀하게 꽃이 핀다. 꽃 색깔은 분홍색, 자분홍색, 보라색, 흰색 등이다. 많이 필 때에는 한 화서에 100여 개까지 핀다.

1	2	3	4	5	6	7	8	9	10	11	12

프리뮬러 말라코이데스

학명 : *Primula malacoides* Franch.
영명 : Fairy Primrose, Baby Primrose

　높이 20~50cm. 잎은 여러 개가 근출하며, 넓은 난형으로 연녹색이 난다. 길이 6~10cm, 기부는 심장형이고, 긴 잎자루를 가지고 있다. 잎 뒷면에는 잔털이 밀생하며, 백분이 있다. 잎 가장자리에는 6~8개의 결각상으로 얕게 톱니가 있다. 여러 개의 꽃이 산형으로 핀다. 꽃 색깔은 진홍색, 분홍색, 흰색, 연자색 등이다. 꽃통 중심부에 황록색 무늬가 있는 것도 있다. 많은 원예 품종이 있다.

- 원산지 / 중국 윈난성, 쓰촨성
- 생활형 / 온실 1, 2년초
- 개화기 / 4~5월
- 용도 / 화단용, 분화용
- 햇빛 / 충분한 햇빛, 반그늘
- 온도 / 8℃ 이상 월동, 10~20℃ 생육
- 관수 / 충분한 관수
- 배양토 / 밭흙, 부엽, 모래는 4:4:2
- 번식 / 실생

1	2	3	4	5	6	7	8	9	10	11	12

▲ 프리뮬러 오브코니카

앵초과

- ●원산지 / 중국 서부, 히말라야
- ●생활형 / 추파 1, 2년초
- ●개화기 / 3~4월
- ●용도 / 분화용, 봄 화단용, 절화용
- ●햇빛 / 반광
- ●온도 / 8℃ 이상 월동, 10~20℃ 생육
- ●관수 / 충분한 관수
- ●배양토 / 노지 재배, 배수 요함. 밭흙, 부엽, 모래는 4:4:2
- ●번식 / 실생, 호광성 종자

프리뮬러 오브코니카

학명 : *Primula obconica* Hance
영명 : German Primrose, Poison Primrose

높이 20~30cm. 잎은 로제트상으로 자라며, 긴 잎자루가 있고, 길이와 너비는 5~10cm로 넓은 난상 긴 타원형이며, 기부는 심장형이고, 녹색이 난다. 잎 가장자리는 파상이고 톱니가 있다. 꽃대는 10~20cm 자라서 끝에서 여러 개의 꽃이 산형으로 핀다. 꽃의 지름은 1.8~2.5cm이고, 꽃잎은 다섯 갈래로 갈라진다. 꽃 색깔은 흰색과 연분홍색, 붉은색, 주홍색 등이다.

1	2	3	4	5	6	7	8	9	10	11	12

▲ 프리뮬러 폴리안다

프리뮬러 폴리안다

학명 : *Primula polyantha* Hort. cv.
영명 : Polyanthus Primrose, Polyanthus

　높이 15~30cm. 잎은 도란형, 잎 끝은 둥글다. 잎 앞면은 잎맥이 골이 져 있다. 잎자루에는 날개가 있다. 꽃은 꽃대 끝에서 산방상으로 여러 개의 꽃이 핀다. 꽃대는 길이 6~8cm, 홑꽃과 겹꽃으로 피며, 꽃 색깔은 노란색과 분홍색, 붉은색, 보라색, 청동색, 갈색, 밤색, 흰색 등이다. 유럽의 자생종인 *Primula veris*와 *P. elatior*, *P. vulgaris*를 가지고 교배 육성한 품종이다.

앵초과

- 원산지 / 원예 교배종
- 생활형 / 온실 추파 1년초
- 개화기 / 3~5월
- 용도 / 분화용, 화단용
- 햇빛 / 반그늘
- 온도 / 5℃ 월동, 10~15℃ 생육
- 관수 / 보통 관수
- 배양토 / 비옥한 사양토. 밭흙, 부엽, 모래는 4:4:2
- 번식 / 실생, 분주

| 1 | 2 | 3 | 4 | 5 | 6 | 7 | 8 | 9 | 10 | 11 | 12 |

▲ 프리지아 노란색 꽃

▲ 프리지아 보라색 꽃

▲ 프리지아 자홍색 꽃

▲ 프리지아 흰 꽃

붓꽃과

- 원산지 / 아프리카 남부 원산종의 원예 교배종
- 생활형 / 온실 추식 구근, 숙근초
- 개화기 / 2~4월
- 용도 / 분화용, 절화용
- 햇빛 / 충분한 햇빛
- 온도 / 5~10℃ 구근 월동, 10~21℃ 생육
- 관수 / 보통 관수, 환기 요함
- 배양토 / 비옥한 사양토. 밭흙, 부엽, 모래는 5:3:2
- 번식 / 실생, 분구

프리지아 (후리지아)

학명 : *Freesia hybrida* L. H. Bailey cv.
영명 : Freesia

　높이 20~50cm. 난형 내지는 원추형의 피막이 있는 구경을 가지고 있다. 잎은 구경에서 대칭으로 양쪽에 마주나며, 선형으로 끝이 뾰족하고, 길이 20~30cm, 너비 1.2cm 정도 된다. 꽃대는 대부분 외대로 35~45cm이며, 원추화서로 꽃이 핀다. 화서는 직각으로 굴곡하며, 편측형으로 9~14개의 꽃이 핀다. 꽃 색깔은 노란색, 흰색, 주홍색, 분홍색, 자홍색, 두른색, 보라색 등이다.

1	2	3	4	5	6	7	8	9	10	11	12

▲ 프리틸라리아

프리틸라리아

학명 : *Fritillaria imperialis* L.
영명 : Crown Imperial

높이 60~100cm, 포기 너비 25~30cm. 잎은 줄기에서 윤생, 긴 피침형으로 밝은 연녹색이 난다. 잎의 길이는 7~18cm이다. 꽃은 3~6개의 꽃이 꽃대 끝에서 산형화서로 피며, 때로는 8개가 피기도 한다. 꽃은 종형으로 아래를 향하여 피며, 꽃 색깔은 오렌지색, 노란색, 붉은색이다. 꽃의 길이는 6cm, 꽃대 끝에는 피침형의 포엽이 총생한다. 꽃에서 악취가 난다.

1	2	3	4	5	6	7	8	9	10	11	12

백합과

- 원산지 / 이란 서부, 아프가니스탄, 파키스탄, 히말라야 서부
- 생활형 / 구근 다년초
- 개화기 / 4~5월
- 용도 / 화단용, 분화용
- 햇빛 / 충분한 햇빛
- 온도 / 5℃ 월동, 10~21℃ 생육 개화
- 관수 / 보통 관수 관리
- 배양토 / 노지 화단. 밭흙, 부엽, 모래는 5:3:2
- 번식 / 비늘조각 번식

▲ 피마자

피마자

학명 : *Ricinus communis* L.
영명 : Palma Christi, Castor Bean

  높이 2m 정도. 줄기는 원통형이다. 잎은 호생, 장상엽으로 5〜11개로 갈라진다. 갈라진 잎에는 톱니가 있고, 끝은 뾰족하다. 잎의 길이와 너비는 30〜100cm이며, 녹색이나 붉은 갈색이 나기도 한다. 꽃은 줄기 끝에 총상화서로 피고, 암수는 한 그루에서 따로 따로 핀다. 암꽃은 윗부분에 모여 피고, 수꽃은 아랫부분에서 핀다. 열매는 삭과로, 겉면에 가시같이 돌기가 있다. 삭과는 3실로, 각 실에는 종자가 1개씩 들어 있다. 많은 원예 품종이 있다.

| 1 | 2 | 3 | 4 | 5 | 6 | 7 | 8 | 9 | 10 | 11 | 12 |

▲ 핑크 클로버

핑크 클로버

학명 : *Polygonum capitatum* Buch.-Ham. ex D. Don
영명 : Pink Clover

  높이 8~15cm, 포기 너비 45~50cm. 줄기는 포복성, 붉은색이 나며, 많은 가지가 지면에 분지한다. 잎은 호생, 짧은 잎자루가 있고, 둥근 타원형에 녹색과 붉은 갈색을 띤다. 꽃은 두상화로 작고 둥글며, 엷은 노란색 또는 흰색으로 핀다. 생장력은 잡초와 같이 왕성하다.

1	2	3	4	5	6	7	8	9	10	11	12

마디풀과

- 원산지 / 히말라야
- 생활형 / 상록 다년초
- 개화기 / 고온시 연중 개화
- 용도 / 화단용, 지피 식물용, 컨테이너용, 공중걸이용
- 햇빛 / 충분한 햇빛
- 온도 / 5℃ 월동, 16~30℃ 생육
- 관수 / 보통 관수
- 배양토 / 배수 요함, 노지 재배. 밭흙, 부엽, 모래는 5:3:2
- 번식 / 실생, 분주

▲ 하늘매발톱꽃

미나리아재비과

- 원산지 / 일본, 한국 북부, 사할린
- 생활형 / 춘파·추파 1년초
- 개화기 / 7~8월
- 용도 / 화단용, 분화용
- 햇빛 / 충분한 햇빛
- 온도 / 16~23℃ 생육, 고온에 약함
- 관수 / 보통 관수
- 배양토 / 밭흙, 부엽, 모래는 5:3:2, 노지 화단
- 번식 / 실생

하늘매발톱꽃

학명 : *Aquilegia flabelata* Sieb. et Zucc. var. *pumila* (Huth) Kudo
영명 : Korean Fan Columbine

　높이 20cm 정도. 줄기나 잎에는 털이 없으며, 엽육이 두껍고 분백색을 띤다. 근출엽은 2회 3출엽으로, 소엽은 삼각형이고, 길이는 12~26mm이다. 꽃은 5~6월경에 가는 꽃대가 자라 지름 3cm 내외의 꽃이 1~3개 핀다. 꽃 뒤쪽에는 거(距)가 있다. 꽃 색깔은 꽃잎이 맑은 청보라색이 나고, 중앙의 끝 부분이 흰색 또는 황백색이 난다. 흰색 꽃도 있다.

1	2	3	4	5	6	7	8	9	10	11	12

▲ 열매

▲ 하늘타리

하늘타리

학명 : *Trichosanthes kirilowii* Max.

덩굴줄기는 5~6m. 자웅 이주로, 지하에는 고구마 같은 덩이뿌리가 있다. 잎은 호생, 장상엽으로 5~7갈래로 갈라지며, 기부는 오목하고 갈라진 조각에는 둔한 톱니와 털이 있다. 꽃대는 수꽃의 길이가 15cm, 암꽃은 3cm 정도 된다. 꽃잎과 꽃받침은 각각 5개로 갈라지며, 꽃잎 끝은 술 모양으로 잘게 갈라진다. 꽃 색깔은 흰색이며, 수술은 3개, 꽃밥은 노란색이 난다. 열매는 둥근 타원형으로, 익으면 오렌지색이 난다.

박과

- 원산지 / 한국의 제주도, 일본
- 생활형 / 덩굴성 다년초
- 개화기 / 7~8월
- 용도 / 트렐리스용, 철책 울타리용, 창문 화단용
- 햇빛 / 충분한 햇빛
- 온도 / 노지 월동, 16~30℃ 생육
- 관수 / 보통 관수
- 배양토 / 비옥한 사양토
- 번식 / 실생

1	2	3	4	5	6	7	8	9	10	11	12

▲ 한란

난초과

- 원산지 / 한국의 제주도, 일본
- 생활형 / 상록 다년초
- 개화기 / 11~12월
- 용도 / 분화용
- 햇빛 / 반그늘
- 온도 / 5℃ 월동, 10~21℃ 생육
- 관수 / 보통 관수, 약간 다습
- 배양토 / 마사토, 난석
- 번식 / 분주

한란

학명 : *Cynbidium Kanran* Makino
영명 : Kanran

높이 20~50cm, 너비 5~15mm. 잎은 녹색, 선형이며, 잎 가장자리는 까슬까슬하고 아치형으로 자란다. 꽃은 잎 사이에서 20~50cm 길게 자라 드문드문 엽초가 나며, 녹색 꽃이 총상화서로 5~10개 핀다. 꽃잎은 좁고 길며, 끝은 뾰족하다. 순판은 끝 부분이 아래쪽으로 구부러지며, 붉은 자갈색 무늬가 들어 있다.

1	2	3	4	5	6	7	8	9	10	11	12

▲ 노란색 꽃　　　　　▲ 한련화

한련화

학명 : *Nasturtium majus* L.
영명 : Indian Cress, Nasturtium

　줄기 길이는 1~2m. 잎은 호생한다. 잎의 길이 12cm, 둥근 방패 모양으로 자라며, 9개의 장상맥이 있다. 꽃은 잎겨드랑이에서 긴 꽃자루가 자라 1개씩 핀다. 꽃잎과 꽃받침은 5개이고 기부는 붙어 있다. 꽃 뒷면에는 거가 있으며, 꽃 색깔은 오렌지색, 노란색, 주홍색, 연노란색, 주황색 등이 있고, 홑꽃, 겹꽃이 있다. 열매는 삭과로, 1개의 종자가 들어 있다.

1	2	3	4	5	6	7	8	9	10	11	12

한련과

- 원산지 / 페루, 콜롬비아, 브라질 고산 지대
- 생활형 / 1년초
- 개화기 / 6~10월
- 용도 / 화단용, 철책 울타리용, 허브용
- 햇빛 / 충분한 햇빛
- 온도 / 16~30℃ 생육
- 관수 / 보통 관수
- 배양토 / 밭흙, 부엽, 모래는 5:3:2, 노지 화단
- 번식 / 실생, 분주

미나리아재비과

- 원산지 / 한국, 동북 아시아
- 생활형 / 숙근성 다년초
- 개화기 / 4~5월
- 용도 / 화단용, 분화용, 약용
- 햇빛 / 충분한 햇빛
- 온도 / 노지 월동, 16~30℃ 생육
- 관수 / 보통 관수
- 배양토 / 노지 화단, 석회 요함. 밭흙, 부엽, 모래는 5:3:2
- 번식 / 실생

할미꽃

학명 : *Pulsatilla koreana* Nakai
(*Pulsatilla cernua* (Thunb.) Spreng. var.
koreana (Nakai) Y. Lee)

높이 15~40cm 잎은 근생엽이 자라며, 털이 밀생한다. 잎자루는 걸고, 우상 복엽으로 5개의 소엽이 있으며, 소엽은 다시 2~3갈래로 갈라진다. 줄기에서는 꽃대가 자라 끝에서 1개의 꽃이 아래로 숙이고 핀다. 꽃받침은 6가로 갈라지며, 겉면에 흰색 털이 밀생하고, 안쪽에는 붉은 자주색이 난다. 열매는 수과로 긴 난형이고, 길이는 5mm로 흰색 털이 밀생한다.

1	2	3	4	5	6	7	8	9	10	11	12

▲ 빅 스마일(*Helianthus annuus* 'Big Smile') 해바라기

해바라기

학명 : *Helianthus annuus* L
영명 : Common Sunflower

　높이는 1~3m. 곧게 자란다. 줄기와 잎은 깔깔한 털로 덮여 있다. 잎은 호생, 잎자루가 있고, 난형의 잎은 톱니가 있으며, 길이 10~30cm로 끝이 뾰족하다. 꽃은 두상화로 피며, 지름이 25cm 정도 큰 대륜의 꽃이 핀다. 설상화와 관상화가 있으며, 많은 종자가 달려 식용한다. 홑꽃과 겹꽃종, 적갈색 등의 원예 품종이 있다.

| 1 | 2 | 3 | 4 | 5 | 6 | 7 | 8 | 9 | 10 | 11 | 12 |

국화과

- 원산지 / 북아메리카, 중앙 아메리카
- 생활형 / 1년초
- 개화기 / 8~10월
- 용도 / 관화용, 절화용, 식용유용
- 햇빛 / 충분한 햇빛
- 온도 / 종자로 월동, 16~30℃ 생육
- 관수 / 보통 관수
- 배양토 / 비옥한 사양토
- 번식 / 실생

▲ 플랫 레드('Flat Red')
▲ 플로리스탄('Floristan')
▲ 발렌타인('Valentine')
▲ 링 어브 파이어('Ring of Fire')
▲ 칼리포르니쿠스('Californicus')
▲ 루비 이클립스('Ruby Eclipse')

▲ 헤디키움 가드네리아눔

헤디키움 가드네리아눔

학명 : *Hedychium gardnerianum* Roscoe
영명 : Kahili Ginger

높이 1~2.2m. 뿌리줄기가 있으며, 생강 냄새가 난다. 줄기는 곧게 자라며, 위경(僞莖)이 있다. 잎의 길이는 25~45cm, 너비 10~15cm로, 긴 타원형에 끝은 뾰족하며, 잎 색깔은 회록색이다. 꽃은 줄기 끝에 총상화서로 피며, 엷은 노란색 꽃이 핀다. 화서의 길이는 45cm로, 포는 녹색, 2개의 꽃을 싸고 있다. 꽃통의 길이는 약 5cm 정도이며, 갈라진 조각의 길이는 4cm 정도 된다. 각 꽃에는 순판형의 헛수술이 있다.

1	2	3	4	5	6	7	8	9	10	11	12

생강과

- 원산지 / 히말라야, 인도 북부
- 생활형 / 상록 다년초
- 개화기 / 9~10월
- 용도 / 화단 식재용
- 햇빛 / 충분한 햇빛
- 온도 / 5℃ 월동, 16~30℃ 생육
- 관수 / 보통 관수
- 배양토 / 배수가 잘 되는 비옥한 사양토
- 번식 / 분주

▲ 헤메로칼리스

백합과

- 원산지 / 원예 교배종
- 생활형 / 숙근성 다년초
- 개화기 / 5~6월 또는 연중 개화
- 용도 / 화단 식재용
- 햇빛 / 충분한 햇빛
- 온도 / 노지 월동, 16~30℃ 생육
- 관수 / 보통 관수
- 배양토 / 배수가 잘 되는 비옥한 사양토
- 번식 / 분주

헤메로칼리스(꽃원추리)

학명 : *Hemerocallis hybrida* Hort.
영명 : Daylily

  한국과 중국, 일본의 삼림 지대에서 자생하는 원종들을 교배하여 육성한 원예 품종들로, 30,000종 이상을 원예 품종으로 보고 즐기고 있다. 뿌리는 비대하고 근출엽이 자란다. 잎은 검형으로, 아치형으로 자란다. 잎의 길이는 75~120cm이지만 보통은 23~35cm가 된다. 꽃은 대륜종과 소륜종이 있으며, 꽃 색깔 또한 다양하다.

1	2	3	4	5	6	7	8	9	10	11	12

▲ 분홍색 꽃　　　　　▲ 헬레보루스 오리엔탈

헬레보루스 오리엔탈

학명 : *Helleborus oriental* Lam.
영명 : Lenten Rose

미나리아재비과

- 원산지 / 그리스, 터키, 카프카스
- 생활형 / 숙근성 다년초
- 개화기 / 4~5월
- 용도 / 화단 관화용, 약용
- 햇빛 / 충분한 햇빛
- 온도 / 노지 월동, 16~30℃ 생육
- 관수 / 충분한 관수
- 배양토 / 배수가 잘 되는 비옥한 사양토
- 번식 / 실생, 분주

　높이 60cm 정도. 털은 있거나 없다. 잎은 근출엽으로 길이 40cm 정도 되며, 타원형 또는 도피침형의 소엽은 7~9개이다. 꽃은 지름이 5~7cm 되는 붉은색 꽃이 아래를 향하여 핀다. 꽃 색깔은 흰색 또는 녹색을 띤 크림색이며, 분홍색, 자주색 꽃이 피기도 하고, 가끔 진한 점무늬가 있는 꽃도 핀다.

1	2	3	4	5	6	7	8	9	10	11	12

▲ 헬리코니아 로스트라타

▲ 꽃

파초과

- ●원산지 / 아르헨티나, 페루
- ●생활형 / 뿌리줄기 상록 다년초
- ●개화기 / 고온기 연중 개화
- ●용도 / 정원용, 절화용
- ●햇빛 / 반광의 햇빛
- ●온도 / 4~10℃ 이상 월동, 16~35℃ 생육
- ●관수 / 충분한 관수
- ●배양토 / 밭흙, 부엽, 모래 는 4:4:2
- ●번식 / 뿌리줄기 분주

헬리코니아 로스트라타

학명 : *Heliconia rostrata* Ruiz & Pav.
영명 : Fish Tail Heliconia

　높어 1~3m. 잎은 긴 타원형이고, 잎 끝은 뾰족하다. 화서는 늘어지고, 화축은 지그재그로 굴곡이 져 있으며, 포는 호생한다. 화서의 길이는 30cm 정도 되고. 화축 양쪽에 12~20개의 앵무새 주둥이 모양의 포가 붙어 있다. 포는 붉은색이 나고, 가장자리는 노란색이 나며, 끝은 뾰족하다. 포의 길이는 10~12cm, 너비는 5~6cm이다. 꽃의 길이는 5~6cm로, 녹색을 띤 노란색 꽃이 핀다.

1	2	3	4	5	6	7	8	9	10	11	12

▲ 헬리크리섬 쿠룽가(*Helichrysum* 'Kurunga')

헬리크리섬 쿠룽가

학명 : *Helichrysum* 'Kurunga'
영명 : Licorice Plant

높이 15~20cm, 포기 너비 30~45cm. 잎은 호생 또는 대생, 타원형 또는 긴 타원형으로 끝은 뾰족하다. 잎에는 흰색의 털이 밀생한다. 꽃은 가지 끝에 집산화서로 두상화에 노란색 꽃이 핀다. 두상화의 지름은 1.5~2.5cm이다.

국화과

- 원산지 / 남아프리카 원산 종의 원예 교배종
- 생활형 / 다년초
- 개화기 / 7~8월
- 용도 / 분화용, 화단용, 절화용
- 햇빛 / 충분한 햇빛
- 온도 / 5℃ 월동, 16~30℃ 생육
- 관수 / 보통 관수, 때때로 관수
- 배양토 / 밭흙, 부엽, 모래는 5:3:2
- 번식 / 삽목

| 1 | 2 | 3 | 4 | 5 | 6 | 7 | 8 | 9 | 10 | 11 | 12 |

▲ 호스타 시볼디아나 엘레강스(*Hosta sieboldiana* 'Elegance')

백합과

- 원산지 / 원예 품종
- 생활형 / 숙근성 다년초
- 개화기 / 7월
- 용도 / 분식용, 화단용, 정원용
- 햇빛 / 반그늘
- 온도 / 노지 월동, 16~30℃ 생육
- 관수 / 보통 관수
- 배양토 / 배수 요함, 노지 재배 사양토. 밭흙, 부엽, 모래는 4:4:2
- 번식 / 분주, 조직 배양

호스타 시볼디아나 엘레강스

학명 : *Hosta sieboldiana* Engler 'Elegance'
영명 : Elegance Funkia

　높이 60cm 정도. 잎은 근출엽으로 자라며, 잎자루는 길고, 난형 내지는 둥근 심장형으로 끝은 뾰족하다. 잎의 길이는 30cm, 너비는 20cm 정도이다. 잎 색깔은 회청록색이고, 광택이 나며, 잎 뒷면은 분백색을 띤 회록색이 난다. 잎은 전체적으로 잎맥이 골이 져 주름살이 누비이불처럼 현저하게 나타난다. 꽃은 가운데의 잎 사이에서 꽃대가 높게 자라 연보라색 꽃이 피지만 흰색으로 퇴색한다.

1	2	3	4	5	6	7	8	9	10	11	12

▲ 아마빌리스('Amabilis')

▲ 버터플라이('Butterfly')

▲ 아마그라드('Amagrad') 미니 호접란

호접란

학명 : *Phalaenopsis hybridus* Hort. cv.
영명 : Phalaenopsis, Moth Orchid

*Phalaenopsis*속 교배종의 총칭으로, 전 세계에 약 50종이 자생한다. 잎은 짧은 줄기에 호생하며, 5~9개가 표면이 하늘을 향해 수평으로 난다. 꽃대는 잎 겨드랑이에서 아치형으로 자라, 끝 부분에서 7~8개 또는 수십 개가 한 방향으로 핀다. 꽃잎은 6개로, 윗 부분의 꽃잎은 작고, 양 옆의 꽃잎은 크며, 설판은 작다. 꽃 색깔은 흰색, 분홍색, 표범색 등이며, 두 색깔로 피는 것도 있다.

1	2	3	4	5	6	7	8	9	10	11	12

난초과

- 원산지 / 히말라야, 필리핀, 인도, 인도네시아, 타이완, 오스트레일리아 북부
- 생활형 / 상록 다년초, 착생란
- 개화기 / 개화 조절 연중 개화
- 용도 / 분화용, 착생용
- 햇빛 / 반광
- 온도 / 8~10℃ 월동, 16~25℃ 생육
- 관수 / 보통 관수, 약간 다습
- 배양토 / 수태, 난석
- 번식 / 조직 배양

▲ 파이어워크('Firework')　▲ 골든 뷰티('Golden Beauty')　▲ 굿모닝('Good Morning')

▲ 줄리어스('Julius') 미니 호접란　▲ 만천홍('Mancheonhong') 미니 호접란　▲ 밀키 라이너('Milky Reigner')

▲ 사라 골드('Sara Gold') 미니 호접란　▲ 소고벤스('Sogobens')

▲ 웨딩 프로머네이드('Wedding Promenade') 미니 호접란　▲ 소나타('Sonata')

▲ 호접초

호접초

학명 : *Schizanthus pinnatus* Ruiz et Pav.
영명 : Butterfly Flower

가지과

높이 45~120cm. 줄기는 잘 분지하며, 식물 전체에 투명한 잔털이 있다. 잎은 1~2회 새의 깃 모양으로 갈라진다. 길이는 10~20cm, 잎 끝은 아래로 늘어진다. 꽃의 지름은 1.8~4cm로, 총상의 원추화서로 많은 꽃이 핀다. 꽃 색깔은 다양하여, 진홍색, 분홍색, 연분홍색, 자홍색, 오렌지색, 흰색, 노란색 등이 있다. 꽃잎 중에는 노란색 또는 자주색 줄무늬가 들어 있는 것이 보통이나, 그렇지 않은 것도 있다.

- 원산지 / 칠레
- 생활형 / 1년초
- 개화기 / 5~6월
- 용도 / 분화용, 절화용
- 햇빛 / 충분한 햇빛
- 온도 / 3℃ 이상 월동, 8~12℃ 생육
- 관수 / 보통 관수, 환기 요함
- 배양토 / 밭흙, 부엽, 모래는 5:3:2
- 번식 / 실생

1	2	3	4	5	6	7	8	9	10	11	12

▲ 홍화월도

생강과

- 원산지 / 태평양 제도, 하와이
- 생활형 / 상록 다년초
- 개화기 / 6~9월
- 용도 / 온실 노지용, 분화용, 절화용
- 햇빛 / 반광
- 온도 / 10℃ 월동, 16~35℃ 생육
- 관수 / 충분한 관수, 환기 요함
- 배양토 / 비옥한 사양토. 밭흙, 부엽, 모래는 5:3:2
- 번식 / 실생, 분주

홍화월도

학명 : *Alpinia purpurata* (Vieill.) K. Schum.
영명 : Red Ginger

높이 3~4m, 포기 너비 60~90cm로 군생한다. 줄기는 위경, 직립한다. 잎은 호생, 긴 타원형으로, 길이 70~80cm, 너비 12cm 정도로 녹색이며, 약간 광택이 난다. 꽃은 줄기 끝에 수상화서로 작은 흰색 꽃이 포엽에서 핀다. 꽃은 길이가 2.5cm, 포엽은 길이가 3cm 정도로 주홍색이 난다. 주홍색 포엽은 오래 남아 있어서 관상 가치가 높다.

1	2	3	4	5	6	7	8	9	10	11	12

▲ 실버 컵(*Lavatera trimestris* 'Silver Cup') 화규

화규

학명 : *Lavatera trimestris* L.
영명 : Annual Mallow, Herb Tree Mallow

높이 50~120cm, 포기 너비 45cm 정도로, 많이 분지한다. 줄기에 난 잎은 조밀하게 털로 덮여 있다. 잎의 길이는 3~6cm로 심장상 원형이며, 셋~다섯 갈래로 갈라진다. 꽃은 잎겨드랑이에서 1개씩 피며, 긴 잎자루를 가지고 있다. 꽃은 붉은색으로 피며, 지름은 7~10cm 된다. 많은 원예 품종이 있으며, 꽃 색깔에는 분홍색과 연분홍색, 흰색이 있다.

- 원산지 / 북아메리카, 지중해 연안
- 생활형 / 춘파 1년초
- 개화기 / 7~9월
- 용도 / 화단용
- 햇빛 / 충분한 햇빛
- 온도 / 10~21℃ 생육
- 관수 / 보통 관수
- 배양토 / 노지 화단, 배수 요함, 토양은 가리지 않음
- 번식 / 실생, 삽목

| 1 | 2 | 3 | 4 | 5 | 6 | 7 | 8 | 9 | 10 | 11 | 12 |

▲ 히아신스

● 원산지 / 터키 중부와 남부,
  시리아 서북부, 레바논
● 생활형 / 숙근성 구근 다
  년초
● 개화기 / 3~5월
● 용도 / 분화용, 수경 재배용
● 햇빛 / 햇빛, 반광
● 온도 / 노지 월동, 10~23℃
  생육
● 관수 / 보통 관수
● 배양토 / 밭흙, 부엽, 모래
  는 5:3:2, 수경(水耕)
● 번식 / 분구, 비늘조각 번식

히아신스

학명 : *Hyacinthus orientalis* L.
영명 : Hyacinth, Dutch Hyacinth

높이 20~30cm. 유피 비늘줄기를 가지고 있다. 잎은 구근에서 4~8개가 자라며, 녹색, 약간 두껍고 긴 선형이며, 끝이 둔하게 뾰족하다. 잎의 길이는 15~30cm, 너비는 2~3cm로, 약간 광택이 난다. 꽃은 총상화서로 원통형으로 남보라색 꽃이 피며, 꽃대는 구근 중앙 잎 사이에서 15~45cm 자란다. 원예 품종에는 붉은색, 흰색, 노란색 등 수많은 품종들이 있다.

1	2	3	4	5	6	7	8	9	10	11	12

식물 용어 도해

꽃의 구조
쌍떡잎식물(쌍자엽식물)
수술
꽃밥
수술대
꽃받침
꽃자루
줄기
소포
(작은꽃싸개잎)
포(꽃싸개잎)
꽃잎
암술머리
암술대
씨방
암술
내화피편
(안쪽꽃잎)
화피
부화관
(덧꽃부리)
외화피편
(바깥쪽꽃잎)
외떡잎식물(단자엽식물)
외화피(바깥꽃덮이)
내화피
(안쪽꽃덮이)
꽃밥(약)
수술(웅예)
암술
(자예)
내화피(안쪽꽃)
양성화(갖춘꽃)
암술
수술
꽃잎
꽃받침
단성화(안갖춘꽃)
암술
수술
암술 흔적
암꽃(자화)
수꽃(웅화)

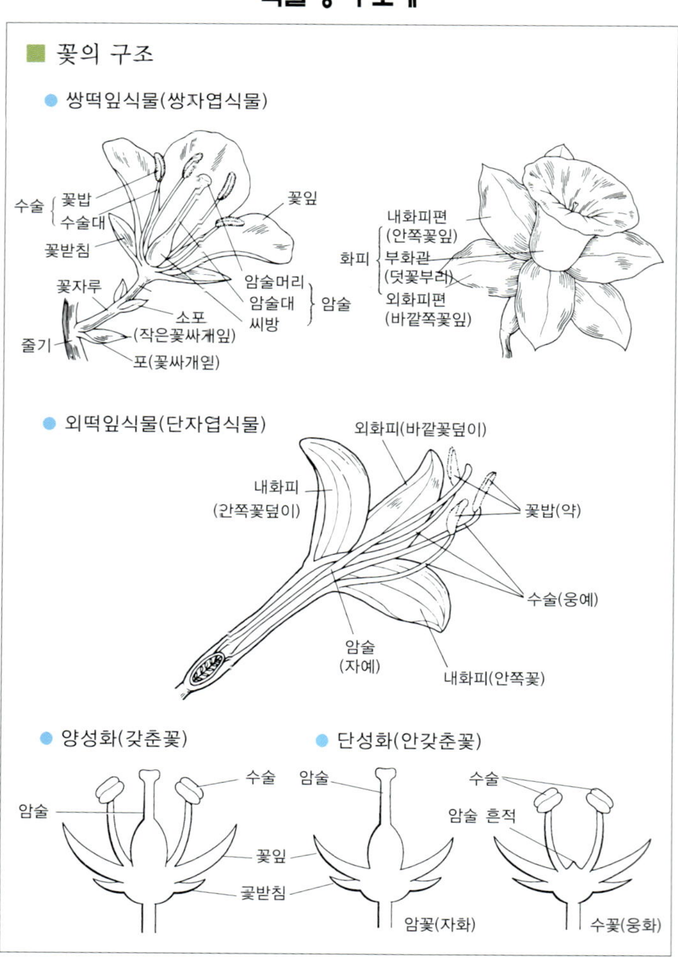

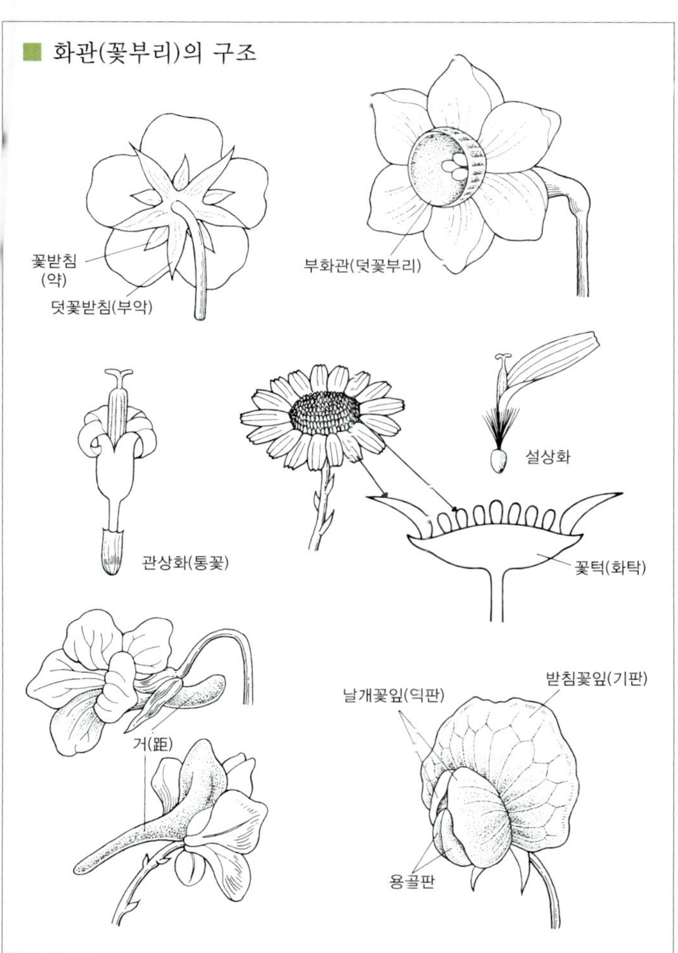
꽃받침
(약)
덧꽃받침(부악)
부화관(덧꽃부리)
관상화(통꽃)
설상화
꽃턱(화탁)
거(距)
날개꽃잎(익판)
받침꽃잎(기판)
용골판

■ 화서(꽃차례)의 종류

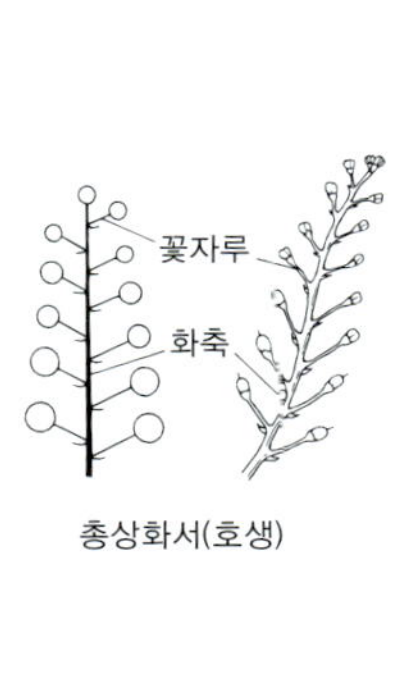

총상화서(호생)

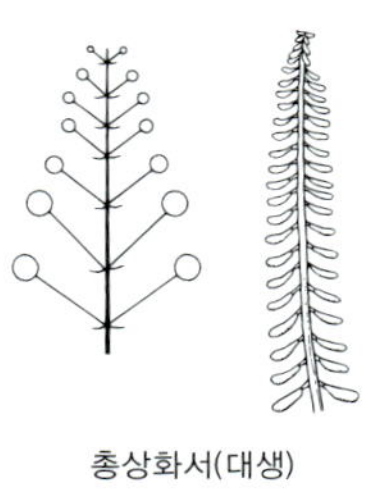

총상화서(대생)

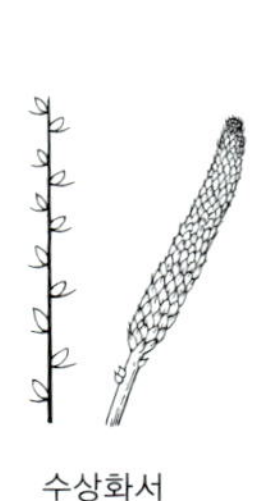

수상화서

원추화서

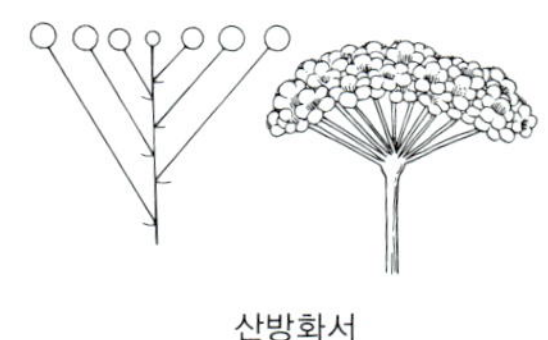

산방화서

산형화서

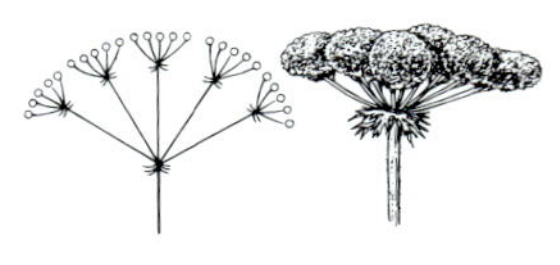

복산형화서

집산화서
미상화서
두상화서
복집산화서
권산화서
육수화서
배상화서

■ 잎의 종류

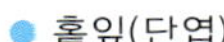

● 홑잎(단엽)　　　● 겹잎(복엽)

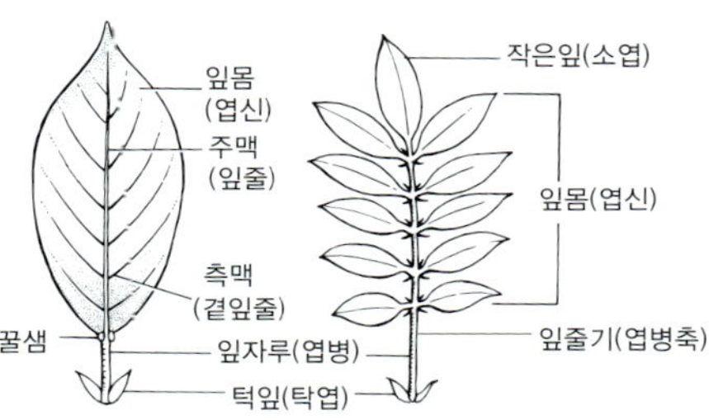

■ 잎의 나기

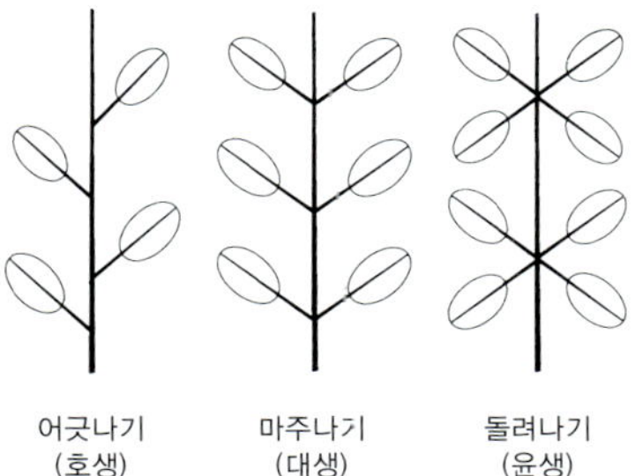

잎의 모양

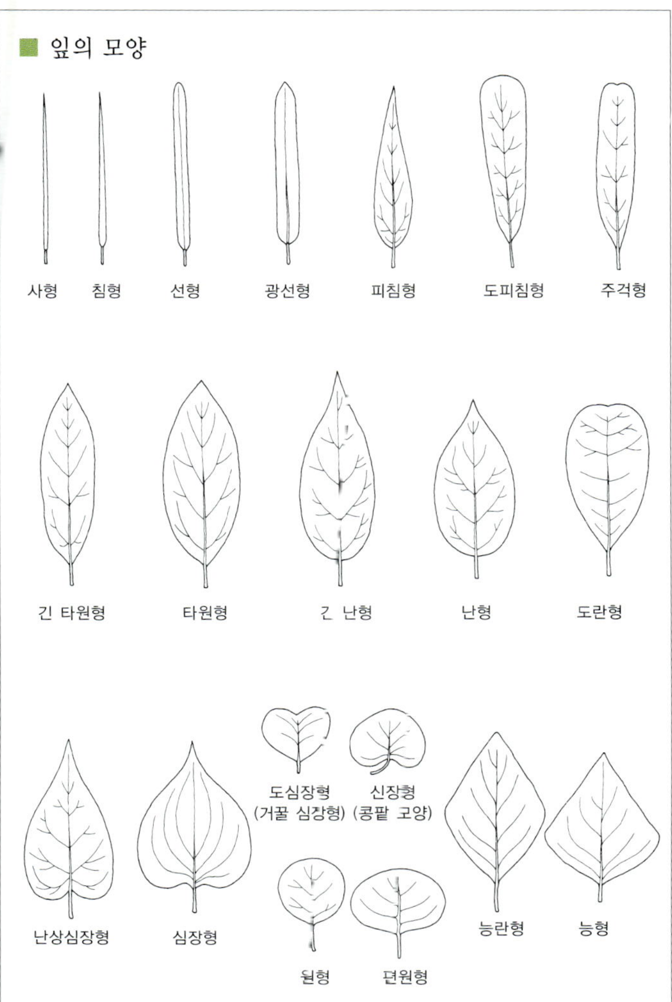
사형
침형
선형
광선형
피침형
도피침형
주걱형
긴 타원형
타원형
긴 난형
난형
도란형
도심장형
(거꿀 심장형)
신장형
(콩팥 모양)
난상심장형
심장형
원형
편원형
능란형
능형

줄기의 구조  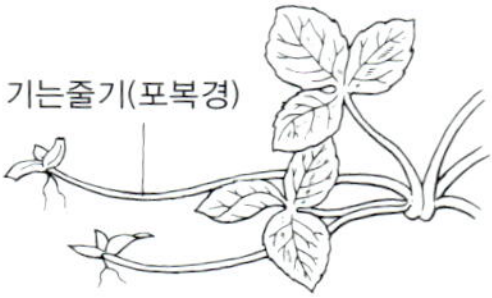 
기는줄기(포복경)
기는줄기(포복경)
꽃줄기(화경)
가시
(경침)
식물의 생육형
덩굴식물
(만성류)

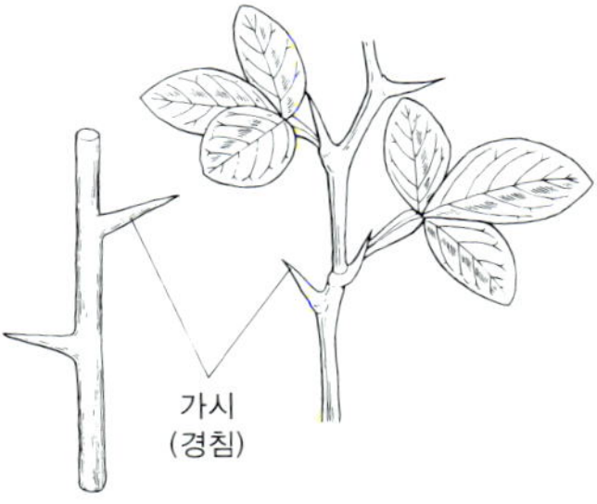

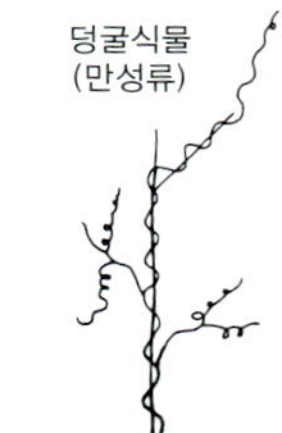

■ 땅속줄기(지하경)의 종류

● 뿌리줄기(근경)

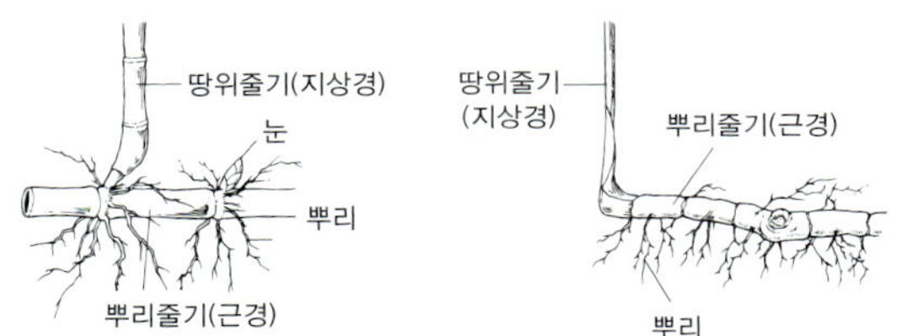

● 비늘줄기(인경)

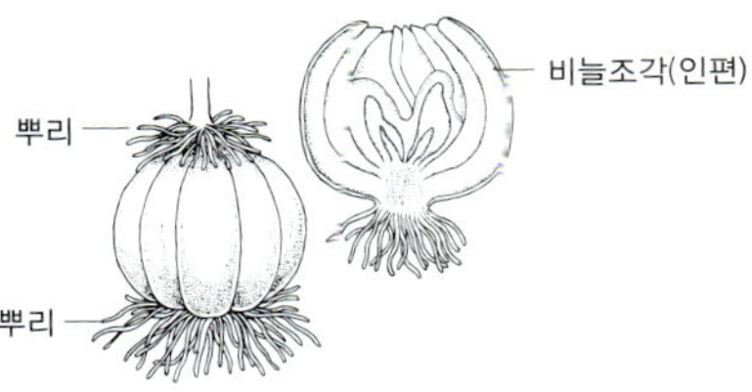

● 덩이줄기(괴경)

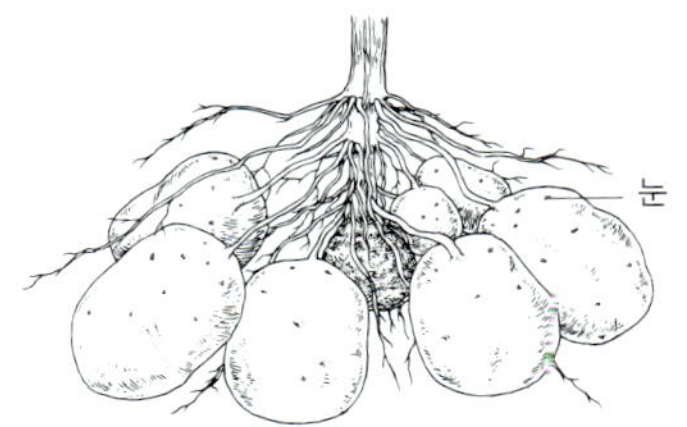

● 알줄기(구경)

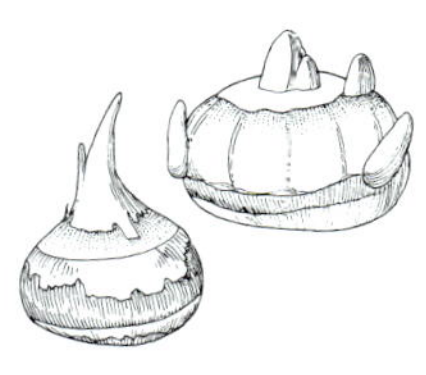

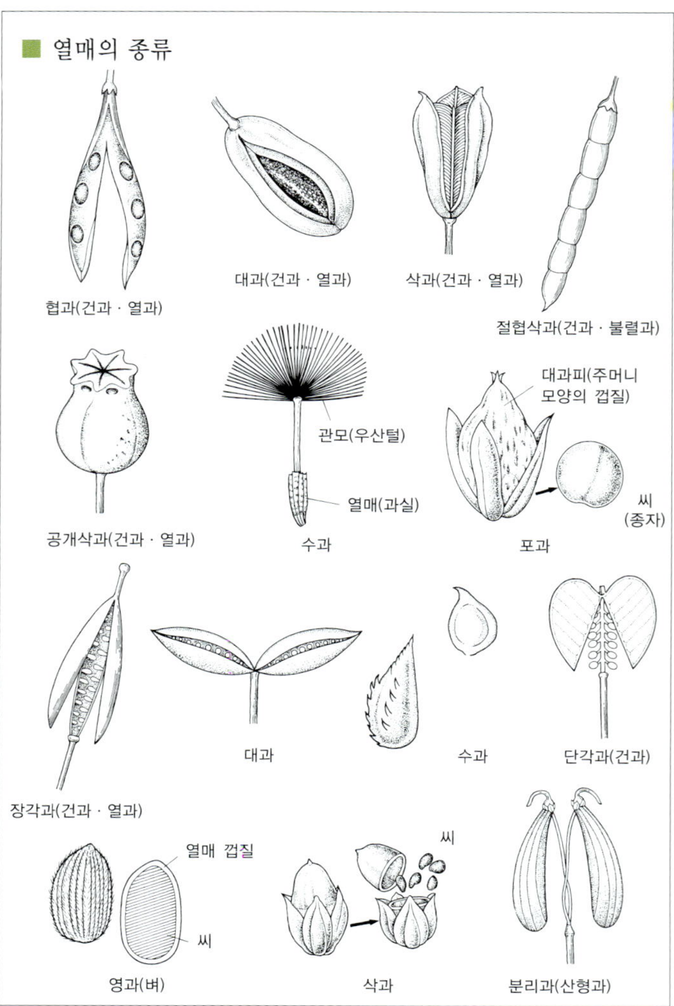

열매의 종류
협과(건과 · 열과)
대과(건과 · 열과)
삭과(건과 · 열과)
절협삭과(건과 · 불렬과)
공개삭과(건과 · 열과)
관모(우산털)
열매(과실)
수과
대과피(주머니 모양의 껍질)
씨(종자)
포과
장각과(건과 · 열과)
대과
수과
단각과(건과)
열매 껍질
씨
영과(벼)
씨
삭과
분리과(산형과)

<h1 align="center">학명 찾아보기</h1>

참고 문헌

- 尹平燮. 1989. 韓國園藝植物圖鑑. 知識産業社
- 윤평섭. 1998. 환경원예식물도감 문운당
- 윤평섭. 2004. 한국의 화훼원예식물. 교학사
- 監修 鈴木路子. 平成 19年. 季節の花圖鑑. 日本文藝社
- 山田辛子. 2003. 花色圖鑑. 講談社
- 佐藤 勉. 2004. 世界の多肉植物. 誠文堂新光社
- 靑葉 高 外 312人. 2004. 園藝植物大事典 1卷, 2卷. 小學館
- A. B. Graf. 1981. Tropicana, Roehrs.
- Christopher Brickell. 1996. The American Horticultural Society A-Z Encyclopedia of Garden Plants. A DK Publishing Book
- Geoff Burnie with 20 Writers. 2004. Botanica. Könemann
- Geoff Burnie with 20 Writers. 2004. Botanica. Barn & Noble Books
- Hooker & Jackson. 1946. Index Kewensis. Tomus I A-J, Tomus II K-Z. Oxford University Press
- L. H. Bailey. 1976. Hortus Third. Macmillan Pub.
- Lesley Bremness. 2002. Smithsonian Hand Book Herbs. A Dorling Kindersley Book
- Sunset Editor Kathleen Norris Brenzel. 2001. Western Garden. Sunset
- Kate Bryant & Geoff Bryant. 2004. Die große farbige Enzyklopädie der Gartenblumen. Bellavista

Kyo-Hak
Mini Guide 10

화훼 원예 -초본 관화식물- 

초판 발행/2008. 9. 10
재판 발행/2010. 9. 10

지은이/윤평섭
펴낸이/양철우
펴낸곳/(주)교학사

기획/유홍희
편집/황정순
디자인/강옥자 · 이수옥
교정/차진승 · 하유미 · 김천순
원색 분해 · 인쇄/본사 공무부

등록/1962. 6. 26.(18-7)
주소/서울 마포구 공덕동 105-67
전화/편집부 · 312-6685 영업부 · 707-5155
팩스/편집부 · 365-1310 영업부 · 707-5160
대체/012245-31-0501320
홈페이지/http://www.kyohak.co.kr

저자와의
협의에 의해
검인 생략함

* 이 책에 실린 도판, 사진, 내용의 복사, 전재를 금함.

Ornamental Flower (Perennials & Annuals)
by Yoon Pyung Sub

Published by Kyo-Hak Publishing Co., Ltd., 2008
105-67, Gongdeok-dong, Mapo-gu, Seoul, Korea
Printed in Korea

ISBN 978-89-09-4381-3 96480